【 内容简介 】

　　在过去十年里，艺术家蕾切尔·萨斯曼穿越从北极到美国莫哈维沙漠在内的五大洲来拍摄 30 种已经持续存在了 2000 年以上的极其罕见的古老生命。这些珍贵的老生命，每一个都是不可思议的奇迹，它们在世界的某个极端环境中历经上千年的时光幸存下来，完全超出了现代人想象的极限。然而，环境变迁和人类的活动使它们中的许多都处在濒危状态，甚至有两种已经"过早地猝死"。伴随着这些老生命的珍贵照片，作者讲述了她自己在全球追踪它们的探险故事，以及正在研究这些老生命及其生存环境的科学家们的深刻洞察。如此一来，这些老生命所透露出的独特信息既记录了过去，也呼吁我们采取保护行动，并且还预示了未来的变化。

　　萨斯曼本着强烈的环保意识而开启自己的全球生态之旅，她的工作既是永恒的，又是及时的，而本书则成功地跨越了学科、空间和时间，成为环境探究的人文表达。任何看过本书的人士都会为那些老生命的美和生命力所震撼，进而自觉思考人类的命运和我们星球的命运。

世 界 上 最 老 最 老 的 生 命

The Oldest Living Things in the World

世界上最老最老的生命

The Oldest Living Things in the World

〔美〕蕾切尔·萨斯曼 (Rachel Sussman) 著

〔美〕汉斯－乌尔里希·奥布利斯特 (Hans Ulrich Obrist)
〔美〕卡尔·齐默 (Carl Zimmer) 作序

刘 夙 译

北京大学出版社
PEKING UNIVERSITY PRESS

著作权合同登记号 图字：01-2015-3210

图书在版编目(CIP)数据

世界上最老最老的生命/(美) 蕾切尔·萨斯曼 (Rachel Sussman) 著；刘夙译. — 北京：北京大学出版社，2016.10
（博物文库· 生态与文明系列 ）
ISBN 978-7-301-27471-2

Ⅰ.①世⋯ Ⅱ.①蕾⋯ ②刘⋯ Ⅲ.①生命科学 Ⅳ.①Q1-0

中国版本图书馆CIP数据核字(2016)第207602号

书　　　名　世界上最老最老的生命
　　　　　　SHIJIE SHANG ZUILAO ZUILAO DE SHENGMING
著作责任者　〔美〕蕾切尔·萨斯曼 著　刘　夙 译
责 任 编 辑　周志刚
标 准 书 号　ISBN 978-7-301-27471-2
出 版 发 行　北京大学出版社
地　　　址　北京市海淀区成府路205 号　100871
网　　　址　http://www. pup. cn　新浪微博：@ 北京大学出版社
电 子 信 箱　zyl@ pup. pku. edu. cn
电　　　话　邮购部 62752015　发行部 62750672　编辑部 62753056
印 刷 者　北京方嘉彩色印刷有限责任公司印刷
经 销 者　新华书店
　　　　　　787毫米×1092毫米　16开本　19.5印张　325千字
　　　　　　2016年10月第1版　2016年12月第2次印刷
定　　　价　98.00元

我满怀对未来的希望，

将此书献给

玛德琳（Madeline）和阿比盖尔（Abigail）

For Madeline and Abigail

with hope for the future

我们一旦克服了由于人类的渺小而引起的恐惧感，就会发现自己是站在一个辽阔的和令人敬畏的宇宙的入口处，这个宇宙使曾让我们的祖先感到惬意的以人类为中心的舞台，无论在时间、空间和潜力上都绝对地相形见绌。

——卡尔·萨根（Carl Sagan）

所有照片都"使人想到死"。拍照就是参与另一个人（或物）的必死性、脆弱性、可变性。所有照片恰恰都是通过切下这一刻并把它冻结，来见证时间的无情流逝。

——苏珊·桑塔格（Susan Sontag）

目录

自序

我们所知的世界

宇宙大爆炸之后 90 亿年，地球形成。又过了将近 10 亿年，才出现了生命最古老的讯息，但在那时候，我们所在的这颗行星不光会让我们感到陌生，甚至会让我们完全辨识不出。那时没有大陆，也基本没有能让我们呼吸舒适的氧气。人们相信，是叠层石这种半是有生命的生物物质、半是无生命的地质物质的独特混合体，通过光合作用氧化了我们的大气层，因此拉开了其他生命登场的序幕。这需要一段时间。今天，最古老的活体叠层石有两三千岁，仍然过着它们的祖先在过去 35 亿年里所过的同一种生活。

这本《世界上最老最老的生命》跨越了学科、大陆和漫长岁月。它半是艺术，半是科学，先天与环境紧密联系在一起；

在书中，我到过去的"深时间"（deep time）中做了一番旅行，这又进一步强化了本书的特色。我做了相关研究，和生物学家一起工作，又周游世界，不断用影像记录 2,000 岁和更老的活体生物。照片是过去的图像，存在于我们所生活的当下，又是个体的肖像，理应打造出我们与现时的安乐窝之外的时间框架之间的一份良好的个人关系。通过把生命形式与本来抽象的数字联系在一起，照片促成了我们与深时间尺度之间的拟人化关系；在多数时候，体会这深邃的时间尺度超出了我们大脑的生理能力，让我们无法坚持对它的正确理解。摄影，是捕捉时间张力的理想媒介——一种生命的千万年岁月，竟然浓缩在一秒钟的短短片断里。

这些古老的幸存者在所有大陆上都历经千年。它们生存在世界上一些最极端的环境中，忍受着冰期、地质变迁和人类在这行星上的迁徙。很多古老生命简直太小了，你可能在径直路过它们时都浑然不觉。还有一些古老生命极为巨大，在它们面前，人们不禁敬畏而立。我一共拍摄了 30 个不同的物种，有格陵兰的地衣，每一百年只能长 1 厘米；有非洲和南美洲的独特沙漠灌木；有俄勒冈州的一种捕食性真菌；有加勒比海的沟叶珊瑚；还有犹他州的一个 8 万岁的颤杨群体。我旅行到南极洲去找 5,500 岁的针叶离齿藓，到塔斯马尼亚去找一株 43,600 岁的无性繁殖的灌木——它是这个种的最后个体，这让它既处于极危境地，又是理论上的不朽之身。

地球上最古老的生命生来就见证了人类的整个历史。两河流域的轮子和楔形文字是标志着文明诞生的发明，它们在大约 5,500 年前出现，而象岛的针叶离齿藓也是这个岁数。此前的一切都只能归入史前。在加利福尼亚州里弗赛德有一

片蔓延的工业区，其中那棵 13,000 岁的帕默氏栎在一生中见证了宛如科幻电影造物的大型爬行类、鸟类和哺乳类的绝灭，其中包括巨型神鹫、乳齿象和剑齿虎，甚至还有最后一群曾在北美洲漫步的骆驼。仅仅距今 17,000 年前，弗洛勒斯人这种可能是现代智人最近亲戚的古人类才刚刚灭绝，并没有早多少。

这个古老俱乐部的其他成员曾经历了更有地史感的漫长旅程。其中有在末次冰期之前数万年就出现的现生灌木，无性繁殖而成的森林，海草"草甸"，还有细菌。有几种古老生命比人类出现得还早。拿现在生长在澳大利亚昆士兰州的澳洲冠青冈来说吧，在气候和暖的日子里，它曾生活于南极洲，那时是——1.8 亿年前。随着冈瓦纳大陆裂解和南部地区变冷，澳洲冠青冈缓慢向北，行进到更适宜的气候带。它

们周边的原始生境消失了，很多树木死去，所以就像今天的气候难民一样，它们也不得不寻觅新的地方作为家园。诀别故乡，卜居新土，对人类来说也已足够艰难。想像一下树木在以自我保护之名进行如此漫长的旅程之时所需的代代传递的坚韧和合作吧。植物在迁徙时体现的意志，要比你想象的坚定得多。就这样用根系步步为营，澳洲冠青冈把自己带去了需要前往的方向。当我们也赶到的时候，它们活着的后裔中最老的已经有 13,000 岁了。

世界上最古老的持续存活的生命是什么？现在我们相信它是生活在永冻层中的西伯利亚放线菌，寿数在 40 万至 60 万岁之间。这个菌群是由一个行星生物学家团队发现的，他们通过调查地球上最不适宜生命栖息的土地之一，想要寻找其他行星上的生命的线索。在调查过程中，他们发现这些非比寻常的细菌在低于冰点的温度下竟也在进行 DNA 修复，这说明它们并非处于休眠状态。它们一直活着，慢慢生长了 50 万年。

生物与地质史齐头并进，这意味着什么？意味着我们让深时间、当下日常生活还有二者之间的所有地层同日而语。

所有这些生物都是活着的复写品。它们身体里包含了自己历史的无数层片，同时还有对自然和人类事件的记录；新的章节不断写在旧的章节之上，年复一年，千年复千年。当我们从深时间的角度打量它们时，一幅更大的图景就出现了，我们由此便开始看到，所有这些个体都有故事，所有这些故事都纠结在一起，又进一步和我们发生了无法摆脱的联系。

这些生物如何千秋万岁？又为什么能千秋万岁？科学家知道一些个体层次上的答案，然而，用来分析物种间的相对长寿性的学科还很年轻——它压根就不存在。我们还不知道，这种诱人的长生力量是否可以用于改变人类的寿限？如果可以，如何应用？然而，就在一些古老生物体把永垂不朽玩弄于股掌间之时，仅在过去 5 年中，我们就已经失去了其中的两种。我希望联合国教科文组织能为它们中的每一种赋予保护地位。它们应受我们的尊敬和关注。然而，气候变化却是以慢动作出现的极为严重的紧急状况，如今已经毫不含糊地降临到我们身上；它是我们在还有一丝希望的时候必须正面对付的难题。这些古老的生命是全球的象征，要高于那些让全人类彼此分裂的东西。

世界上最古老的生命，是对过去的记录和赞颂，对现在的行动的召唤，也反映了我们的未来。

* *

本书一些章节的较早版本已发表在《纽约时报》"透镜"博客和 Brainpickings.org 网站上。

序言（一）

未来，由过去的片断所创造

——汉斯－乌尔里希·奥布利斯特

最近，约翰·布罗克曼（John Brockman）在他主持的"年度前沿问题"中问我："我们应该担心些什么？"

我的回答是灭绝。

今天，我们正面临着灭绝的许多方面，比如由全球化带来的文化、语言和社会多样性的灭绝，然而，影响到我们的生态系统的灭绝，是最为严重的问题之一。动物和植物物种的灭绝每天每时都在发生。今天，科学家对人类文明甚至人类这个物种本身灭绝的可能性的讨论也越来越多。天文学家马丁·里斯（Martin Rees）在《我们的最后时刻》（*Our Final Hour*）一书中就问道：文明是否还能坚持过下一个百年?

人文学界也都感受着灭绝的幽灵。在哲学界，雷·布拉西尔（Ray Brassier）发现，我们最终必然灭绝这个无可避免的事实极富哲学趣味。在布拉西尔看来，这一个事实就足以为人类存在的终极无意义性奠定基础，因此，哲学所能做出的唯一恰当的回应，就是完全接受和寻求由这个最基本的认识所引出的种种极端虚无主义的推论。他在《虚无的解缚》（*Nihil Unbound*, 2007）一书中写道："哲学既不是平权的手段，也不是正当性的来源，而是一套灭绝的原则。"《虚无的解缚》建议我们面对严峻的事实，承认自然界对人类漠不关心，承认我们作为一个物种在地球上只有短暂的存在。布拉西尔认为："现实主义认为有独立于心灵存在的实在，尽管人类有那么多自恋的揣测，这种实在却毫不关心我们的存在，也不记得什么'价值'，什么'意义'，这都是我们为了让它显得可亲近而强加的东西。虚无就是……这样的现实主义信念的无法回避的推论。"当然，多数人不会有这样绝对的虚无感，我们还有其他的立场。

譬如说艺术家古斯塔夫·梅茨格（Gustav Metzger），就把灭绝当成了其艺术实践的中心主题。梅茨格利用自己收藏的庞大报纸档案创作作品，他在其中强调，世界上在连续不断发生着不计其数的小灭绝，因此在持续地引发着人类的灭绝。通过重新呈现报纸上以灭绝为主题的故事，梅茨格突出了一大问题，就是我们面对绝灭的高度常规性时集体采取的无奈态度，以及面对造成近年来灭绝速度加快的主因——气候变化时表面上的无能为力。他评论道："全球变暖是人

们做好准备去适应、乐于去适应的现象。"就像梅茨格用他六十多年的艺术生涯一直指出的，全球资本主义的行进已经对世界及其资源造成了不可逆的影响。随着这些影响超出我们的控制、滚雪球般地增大，幸存者面临的挑战更加紧迫，灭绝的幽灵也越发逼人。物种和生态系统的命运——也就是人类自身的命运——正悬而未决，我们迫切需要全球协同的行动来阻止世界环境的衰退，这个需求实在应该时时讲、天天讲。比起从前，今天我们都应该为灭绝而忧虑。

蕾切尔·萨斯曼用这本名为"世界上最老最老的生命"的档案建立了一种反向运动，与我们谈论灭绝时的主要焦点正好相反。萨斯曼搜寻着已经存活了很长时间的活体生物。在做这件事时，她通过重点介绍那些寿数至少也有 2,000 岁的生物，无意中部分抵消了我们对灭绝的普遍恐惧。按照她

对这个写作计划的预先安排，入选的生物个体是不能比 2,000 岁更"年轻"的。有了这个限制，蕾切尔·萨斯曼便把我们对过去的感知引向了一个完全不同的维度。与此同时，已故的埃里克·霍布斯鲍姆（Eric Hobsbawm）也写道："现代社会的运转……在根本上没有对过去的感知。就人类和社会而言，过去甚至是毫不相关的。"[1] 他又写道："每个人事实上都扎根于过去——个人的过去，社会的过去——而且知道这一点，也对此感兴趣。忘记前事，就不得不反复重蹈同样的覆辙。"[2] 这便强调了对过去的意识的重要性。

由此，霍布斯鲍姆谈到了他所谓的"反抗遗忘"的概念。这也是萨斯曼的艺术研究计划通过寻找世界上最古老的生命来体现的旨趣——为什么只提及被灭绝威胁的事物呢？为什么不提及另一个事实，就是有生物存活了如此漫长的时间呢？（当然，正如她在本书中提到的，这不意味着它们未受威胁。）

蕾切尔是在艺术和科学的交界面上工作的艺术家，她一直和全世界研究（甚至发现）那些千万岁高龄的生物的科学家保持联系。与此同时，她作为艺术家又秉持着一个观念：寻找世界上最古老的生命。她的研究计划与科学家的研究密切相关，这是让她区别于其他观念型艺术家的地方。她追求着这个以前实际上被忽视的科学问题，把对瞬间进行描述的审美关注搁置一旁。取而代之的则是一项通过周游世界的经验性田野考察来完成的科学研究。

萨斯曼不仅在她的作品的审美上应用了科学策略和工具；她实际上构建了一套档案，由来自生物、图表和地图的图像组成。由此，这项研究的产物又发展成了一套将会成为通往未来之事物的基础的档案。从科学的角度看，最古老的生命可能不是一个清晰的范畴，但它却是一个由好奇、人道品格、对深时间的迷恋和探险家的勇气来定义的范畴。

萨斯曼把自己的角色定位为"一个想要回答一些问题、却提出更多问题的艺术家"，我确信她将来会在全世界发掘出更多的问题，也能为它们找到不少答案。

1　引自《032c 杂志》第 17 期（2009 年夏），http://032c.com/2009/eric-hobsbawm/，2013 年 9 月 1 日访问。
2　同上。

序言（二）

生命如何千秋万岁

卡尔·齐默

我们很容易为腹毛虫感到难过。这是一种无脊椎动物，不过罂粟籽那么大，形状像保龄球瓶。它们在河湖之中数以百万计地麇集在一起。腹毛虫在孵化出来之后，只用三天就可以发育出复杂的躯体，口、消化道、感觉器官和脑莫不具备。用短短 72 小时成熟之后，腹毛虫开始产卵。几天之后，它已经极为衰弱，就这样逝于高龄。

把完整的一生压缩在一周内完成，这看起来像是自然界诸多残酷诡计之一。然而，这只不过是因为我们习惯把我们数十年的生命当成衡量标准罢了。如果本书中描述的古老动植物能够打量我们，它们也会为我们难过。让娜·卡尔芒（Jean Calment）是记录在案的最长寿的人，她从 1875 年一直活到 1997 年。这足以让我们人类惊奇。但是对一棵 13,000 岁的帕默氏栎树来说，卡尔芒一生的 122 年不过是暑假一般的飞快一掠。

帕默氏栎、腹毛虫和界于它们之间的所有物种都是演化的产物。生命令人头晕目眩的多样性可以连结成一棵演化树，由数以千万计的枝条构成。长寿，是这种多样性展现的最壮观场面之一。如果自然选择能让帕默氏栎千秋万岁，为什么它就只分配给腹毛虫一周的生存时间呢？

从 20 世纪 60 年代开始，演化生物学家就在寻找一种能阐明所有衰老方式的综合性解释。到目前为止，获得最多支持的解释都是"样样通就是样样不通"这个古老真理的变种。

不管是扑杀瞪羚的狮子、捕捉阳光的郁金香还是在海底进行铁呼吸的微生物，生物体只能收集有限的能量。它们用这些能量生长，繁殖后代，保卫自身免受病原侵害，修复受损的分子。然而，预算是有限的。用于一项任务的能量，将不能再用到别的任务之上。

分子修复和病原防御都是达成长寿的好手段。然而，繁殖不出什么后代的长寿生物却无法把它的基因的诸多复份传给未来的世代。能够成功的生物是那些勉强保持自己的身体有序运转、把更多的能量用于创造子嗣的种类。

这种平衡有助于解释为什么一些种长寿，另一些种短命。它也为科学家提供了线索，提示我们人们如何与阿尔茨海默病之类衰老的负担斗争。不过，这种平衡只是解释生物寿限的答案的一部分。物种生存的环境可能也是这个答案的一部分。在一些地方，生命活动本来就比较慢。有些支系还能演化出一些策略来摆脱束缚大多数物种的桎梏。它们可以避开应该把能量用于这个方向还是那个方向的讨价还价，无拘无束地长命千岁。

长寿这个永久的谜，让本书中的物种都更显珍贵，更值得保护。打量一种历经千万年的生物，是一种绝好的体验，因为它让我们觉得自己只不过是腹毛虫。然而，还有另一种更令人惊异的体验，那就是，意识到我们和一棵 13,000 岁的帕默氏栎之间存在联系，好奇我们如何会在地球上演化出如此不同的寿限。

致谢

在这历时多年的万里旅程上，有许多人帮助过我，我要衷心感谢其中的每一位。他们中有科学家和研究者，有朋友，有提供想法的陌生人，有在途中成为朋友的陌生人，有在边远的地区招待我的"朋友的朋友的家人"；他们包括所有和我建立关系的人，分享他们的所有物的人，为我指明正确方向的人，帮助我"向前一点点"的人。哈，连这个"向前一点点"的说法都是一份小礼物。谢谢你，马拉·邦恩（Mara Bunn）。

我要谢谢我的家人。谢谢兄弟斯科特（Scott）和兄弟的爱人林德赛（Lindsey），他们一直是我的倚靠；谢谢母亲雪莉（Shirley），她一直是我的第一号代理人，在我财力窘迫的时候为我提供了一张安全网；谢谢姐妹丽莎（Lisa）和萨拉（Sara）、继父阿瑟（Arthur），他们对我有永不知倦的热情。

我要给麦克道威尔文艺营的朋友来个熊抱，特别是谢里尔·杨（Cheryl Young）和戴维·梅西（David Macy），多谢他们帮助我在 2005 年建立信心，全心回归艺术追求，又在2013 年的夏天殷勤地为我腾出位置来完成这本书的写作。世界上没有比这里让我更想待着的地方了。

感谢 TED（"技术、娱乐、设计"环球会议）的所有好伙伴们，特别是布鲁诺·朱桑尼（Bruno Giusanni），他邀请我在 TED 的舞台上做演讲；还有艾米·诺沃格拉茨（Amy Novogratz）、丹·米切尔（Dan Mitchell）、凯利·斯托策尔（Kelly Stoetzel）和克里斯·安德森（Chris Anderson），以及关注 TED 的同人们，他们一直用不计其数的方法激发我的灵感，开阔我的眼界。感谢恒今基金会的所有人，特别是凯文·凯利（Kevin Kelly），很早就向我投下信任的投票。感谢纽约艺术基金会"'25 为 25'艺术家和创新者"项目的赞助者，佩奇·韦斯特（Paige West）和"韦斯特收藏"艺术馆，戴维·德·罗斯柴尔德（David de Rothschild）和"雕刻未来"基金，以及斯文·林德布拉德（Sven Lindblad）和林德布拉德探险公司（没有他和该公司的帮助，我很可能还在竭力寻找前往南极洲的机会）。

感谢杰利·萨尔茨（Jerry Saltz），他鼓励我冲破一切需要冲破的墙；感谢玛利亚·波波娃（Maria Popova）对我坚定不移的支持；感谢蒂娜·罗特·埃森伯格（Tina Roth Eisenberg），她最先让我的作品获得广泛关注；感谢"好经验直播"大会的马克·赫斯特（Mark Hurst），他把我劝上舞台讲述我自己的工作。感谢我 2010 年在 Kickstarter 发起的众筹计划和布鲁克林艺术委员会的每一位支持者。感谢"MAC 小组"公司，在我一直信任的玛米亚 7II 相机跟着我经历了一些特别艰难的冒险之后，他们帮我调试了这台相机，此外还为我提供了一些急需的设备。感谢巴塔戈尼亚，让我确定了到南极洲时应该穿多少衣服。

我要向现代艺术博物馆的克利斯蒂娜·科斯特罗（Christina Costello）举杯，她的眼光敏锐而不知疲倦，花了许多时间编选我的数以千计的照片，更不用说她还平易近人。感谢芝加哥大学出版社的团队，尤其是吉尔·岛袋（Jill Shimabukuro）和卡罗尔·萨勒（Carol Saller）让这个巨大而复杂的计划成形为一本书；感谢卡罗琳·齐默曼（Caroline Zimmerman）启动了这个工作，感谢凯瑟琳·弗林（Katherine Flynn）一直盯着这个工作直到完成。感谢参与本书出版的亚历克斯·戈尔德马克（Alex Goldmark）、戴比·米尔曼（Debbie Millman）、克莱尔·米斯科（Claire Mysko）、阿格内兹卡·加斯帕尔卡（Agneizka Gasparka）和鲁本·古扎特（Ruben Gutzat），你们不是应付差事，而是乐在其中。感谢桑尼·贝茨（Sunny Bates）、安德鲁·罗夫曼（Andrew Roffman）、冬妮亚·斯蒂德（Tonia Steed）和维克·邦迪（Vic Bondi）、马努·路什（Manu Lusch）和姆库尔·帕特尔（Mukul Patel）、戴维·罗文（David Rowan）、贝蒂娜·科雷克（Bettina Korek）、罗伯特·埃尔姆斯（Robert Elmes）、凯瑟琳·基廷（Katherine Keating）、整个托德（Todd）大家庭、琼·博林斯坦（Joan Borinstein）、查理·梅尔彻（Charlie Melcher）、沙龙·安·李（Sharon Ann Lee），让我有幸在路上遇见你们。你们的帮助、建议、友谊和善良让一切都变得截然不同。

　　最后但同样重要的是，我要向冈美美（Mimi Oka）和牧原淳（Jun Makihara）致以极大谢意，他们向我发出邀请，让我得以开展日本之行；还有杰森·格雷斯顿（Jason Grayston）和伊藤真树（Maki Ito），他们决定与我这个孤独的旅行者交谈，让我改变了自己的人生轨迹。

地 点 图

黄绿地衣
3,000岁
南格陵兰

实柄蜜环菌
2,400岁
俄勒冈州马卢尔国家森林

巨杉
4株2,000多岁的个体
加利福尼亚州巨杉和国王峡
谷国家公园

长寿松
5,000岁
加利福尼亚州怀特山脉

黄杨叶佳露果
13,000岁
宾夕法尼亚州佩里县

三齿团香木和莫哈韦丝兰
12,000岁
加利福尼亚州莫哈韦沙漠

"潘多"颤杨
80,000岁
犹他州菲什湖

"参议员"池杉（已死）
3,500岁
2012年2月被一个吸冰毒者烧死
佛罗里达州塞米诺尔县

帕默氏栎
13,000岁
加利福尼亚州里弗赛德

沟叶珊瑚
2,000岁
多巴哥岛斯贝塞街

光黑珊瑚礁床
4,265岁
夏威夷附近的深海

密生卧芹
3,000岁
智利阿塔卡马沙漠

"千年乔柏"智利乔柏
2,200岁
智利洛斯拉戈斯

智利乔柏
智利巴塔戈尼亚

南乔治亚岛的藓类
2,200岁
南乔治亚岛卡宁角

针叶离齿藓
5,500岁
南极洲象岛

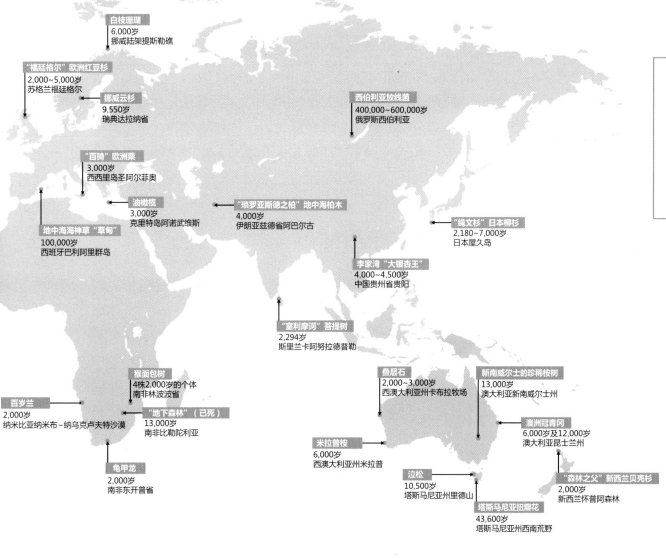

白枝珊瑚
6,000岁
挪威陆架提斯勒礁

"福廷格尔"欧洲红豆杉
2,000~5,000岁
苏格兰福廷格尔

挪威云杉
9,550岁
瑞典达拉纳省

"百骑"欧洲栗
3,000岁
西西里岛圣阿尔菲奥

油橄榄
3,000岁
克里特岛阿诺武维斯

地中海海神草"草甸"
100,000岁
西班牙巴利阿里群岛

西伯利亚放线菌
400,000~600,000岁
俄罗斯西伯利亚

"琐罗亚斯德之柏"地中海柏木
4,000岁
伊朗亚兹德省阿巴尔古

"绳文杉"日本柳杉
2,180~7,000岁
日本屋久岛

李家湾"大银杏王"
4,000~4,500岁
中国贵州省贵阳

"室利摩诃"菩提树
2,294岁
斯里兰卡阿努拉德普勒

叠层石
2,000~3,000岁
西澳大利亚州卡布拉牧场

新南威尔士的珍稀桉树
13,000岁
澳大利亚新南威尔士州

猴面包树
4株2,000岁的个体
南非林波波省

百岁兰
2,000岁
纳米比亚纳米布-纳乌克卢夫特沙漠

"地下森林"（已死）
13,000岁
南非比勒陀利亚

澳洲冠青冈
6,000岁及12,000岁
澳大利亚昆士兰州

米拉普桉
6,000岁
西澳大利亚州米拉普

龟甲龙
2,000岁
南非东开普省

泣松
10,500岁
塔斯马尼亚州里德山

"森林之父"新西兰贝壳杉
2,000岁
新西兰怀普阿森林

塔斯马尼亚扭瓣花
43,600岁
塔斯马尼亚州西南荒野

火山海绵
15,000岁
南极州麦克默多湾

附：英美制单位换算表
1 英寸 = 2.54 厘米
1 英尺 = 0.3048 米
1 英里 = 1.609 千米
1 英亩 = 0.4047 公顷
摄氏度 =（华氏度 -32）/1.8

引言

搅 动 我 创 意 的 旅 行

　　我有点心神不定，但不太确定原因。这是我第一次到日本，我不会说日语，只会几个礼貌的实用句子，还有一句古怪的习语，听上去更像是一个古老时代的用语——"丰多西奥西买呆"，意思是"下定决心吧"，直译却是"系紧你的兜裆布"，感觉就像是你的爷爷在叮嘱你振作起来。这些都让我更加心神不定。时值2004年夏。除了拍摄一些照片、探索人与自然之间不绝如缕的关系之外，我几乎是漫无目的地在日本旅行。我刚刚离开库珀联合学院的艺术家住所，受一些朋友的邀请在东京过了闲适的一周。之后，我便一个人在京都蜿蜒的街道上漫步。尽管寺庙和花园富有静谧之美，看到城市里不时出现的金考快印（Kinkos）和星巴克招牌，我却不禁感到有点沮丧。我想在这个像是古代的地方获取一

些想法，但我不确定它是什么，这就好比在知道问题之前便竭力想要找到答案。

　　我毫无灵感（或者可以说是毫不自在），甚至考虑缩短行程。这不像我的风格，我一直都觉得有一种动力拉着我去越来越多不熟悉的地方旅行。我收到了好几条不约而同的建议，不禁陷入沉思。他们建议我去寻找"绳文杉"，一棵据说已经7,000岁的古树。它位于偏远的屋久岛上，从九州岛最西南端到那里需要坐几个小时的渡轮。即使到了岛上，也还要徒步整整两天才能到达那棵树。我被这个建议吸引住了。本来我已经觉得可以回家了，但几乎与此同时又决定遵从内心的劝告。我振作起来，打包好行李，便向着相反的方向进发了。

铁路止于鹿儿岛。第二天早晨，我登上了前往屋久岛的渡轮。船上有一对夫妇（妻子是日本人，丈夫是加拿大人）和我攀谈起来，很好奇我这样的一个"盖金"（外国人）怎么会想到来这么偏远的地方。毕竟，虽然很多人知道屋久岛，却几乎没有人真的到访过，特别是外国人。他们边打量着我那随着船摇摇晃晃的行李箱边问我，准备在哪儿住宿，想怎样到达那棵树。等我们到达屋久岛海岸时，他们便邀请我一起住在他们要拜访的那户人家里，还决定加入我寻访古树的行程——哦，其实应该说是决定带我寻访古树。主人给我安排了一个睡觉的地方，我卸下野营和潜水设备，吃到了烤饭团。我们聊起生命、旅行、政治。房主浴室里的蜘蛛大得吓人，我受惊的狼狈模样让主人一家乐不可支。随后，我们就开始徒步，经过联合国教科文组织认定的生物圈保护区。这里有本地特有的鹿和猴，有海龟、野杜鹃和茂密的亚热带雨林，还有护林员那种日本式的尽力打理萌发植被的作风。我们睡在一间小屋的地板上，我躺在那两位刚结识的朋友和一位衣冠朴素、爱打呼噜的男士（以及其他很多在这里躲避连绵阴雨的登山者）之间，这真是有趣的尴尬场面。最终，我感受到了这棵古老的日本柳杉的静谧之美和力量，它得名于约 7,000 年前的名为"绳文"的历史时代。在观景区，我望向这棵矗立峻坡之上的古树。映入眼帘的是壮硕的树干、虬曲的枝条和深刻着千年皱纹的树皮。接着，我们继续徒步到岛的另一边。那时，我并没有得到什么神秘的启示，但是我知道，当我把握时机继续日本之行的时候，我就开启了一扇门，通往超越我的个人经验和预言的诸多可能性。

我回到纽约家中，继续做着交互媒体制作人的工作。第二年，我又住进了麦克道威尔艺术营，这是另一个艺术家住所（八年之后，我又重回这里创作这本书）。我再次强烈感到有些事情已经发动起来，但是我就像一个伤心欲绝的人，渴望能更清楚地知道它们是什么。我坐立不安，我频频跳槽。在日本之行结束一年多后的一天晚上，我和一些朋友在苏荷区的一家泰式餐馆共进晚餐。终于，就在我给他们讲述我的探险故事时，突然之间，所有这些形形色色、扣人心弦的经历都活灵活现地串联在一起。就在这天晚上，我冲回家，开始创作这本《世界上最老最老的生命》。

限制条件

我要寻找的目标都有 2,000 岁或更大岁数，这并非巧合。

我选择这个数字完全是出于以下原因：在人类这个物种出现之后，刚好过了差不多 200,000 年，我们达成了一项共识，就是我们的钟表应该重新调整。这是件非常引人注目的事情。[1]当然，这基本不是个能够干净利落完成的过程。佛历元年在公历元年之前大约 500 年。犹太历始于公元前 3750 年。中国历起于大约公元前 2637 年，但它用的是一个 60 进制的记年系统，有多种多样的闰年、地方特例以及与皇帝有关的例外，并不是一套稳定的前后相继的记数方式。与这些相反，玛雅历却在 2012 年结束。恒今基金会则在公历年份之前加一个零（比如 02014 年）。

也许我们应该完全采用地质记年法：4,500,002,014 年快乐！（或差不多的其他的数字。）

确定了起始线之后，下一件事就是我作为一个艺术工作者，出于这个写作计划的目的要定义一下什么叫做"连续生存"。从哲学的角度来看，最重要的考虑是个体水平上持久

---

[1] 参见克尤·乔治·卡林（Cue George Carlin）《耶稣认为那是哪一年？》一文。

的观念，因为我们天生都与自我的观念有关。然而，一旦我开始向科学深处探索，就像对时间尺度的探索一样，事情马上就变得不明朗了。像单独一棵树这样的单一生物体，它的年龄是不难理解的。有点麻烦的是"无性繁殖群体"的概念。无性繁殖（或音译为"克隆繁殖"——译者）也叫"营养生长"或"自体繁殖"，通过这个过程，你可以让生物个体产生无性系（"克隆"），与此相对的则是有性生殖（比如有花植物的传粉）。进行无性繁殖的生物体并不是不能进行有性生殖；只不过，有时候依靠自己要比依靠一个合适的伴侣更容易罢了。换句话说，植物个体不需要引入外来的新遗传物质就可以长出新的芽、茎或根。因此，新的生物体在遗传上和原来的生物体完全相同，是原来的生物体的一部分。这个过程可以无限地进行下去，至少可以在环境因子允许的范围内一直继续。（当我们说克隆意味着理论上的永生时，指的就是这个意思。）为了更好地理解这一点，可以用你自己的身体打个不太恰当的比方：虽然你不太可能自发地长出新的手臂或腿，但除了神经细胞之外，你身体里其他几乎所有类型的细胞都会死亡和重新产生。在你的一生中，你身体里满是出生时不存在的新细胞，但从遗传上来说，你始终是同一个人。

你会注意到书中的年龄数字常常是约估的整数，有些还有一个范围。这些一般都是有把握的猜测。特别是对无性繁殖的生物体来说，我们会发现，虽然它们都有一个年龄，但实际上可能还要老得多。不同的物种，定年用的是不同的方法。

为了更进一步解释我选择物种的原则，我要再澄清一下哪些东西不入选。本书不包括金字塔。因为它们不是活物。这个问题我被问过的次数可能会让你惊异。本书不包括冰、石笋和石钟乳，你可以从诗意或拟人的角度认为它们"活着"，但因为它们不含 DNA 而被排除在外。本书没有 2,000 岁的乌龟或鲸；如果它们真能活到这个岁数的话，那自然会被收入。本书也不包括那些仅仅在物种水平上才谈得上原始的生物。拿木贼来说吧，它和藓类、苔类和蕨类一起称为"活化石"，具有独特的演化谱系，可以一直追溯到前寒武纪时代。然而，木贼的个体却活不了多久。有的生物体在停止生命活动或非季节性休眠的情况下度过了漫长的时间，还有些古老的种子后来被诱导萌发，这些也没有被我写入书内。我对最大、最小、最年轻的生命也不感兴趣。对我来说，"某某之最"本身没有意思。

我只遴选那些活了 2,000 岁或更久的最古老的个体——单一的生物体和彼此相同的无性繁殖群体。我发现，作为一个艺术工作者，在没有受过科学方法训练的情况下探索最长寿的物种，反而可以有意外的好处。起先我想找一名科学家合作，但是我没有想到的是，绝大多数科学都是非常专一狭窄的实践，而我却要做一个范围很宽、还没有定义的工作。在和两三个演化生物学家谈过这项工作之后，尽管他们对我的想法很有热情，却认为自己资格不够。

结果，在我得以开始寻找目标生物之前，我不得不先弄清楚它们都在哪里。虽然找到古木名录并不困难，但是全体物种中符合我的评判标准的最古老生命的清单却不存在。我不得不一点一点把这个清单拼出来，先是在谷歌上做了一番颇有成果的搜索，然后一头扎进许多专业和次级专业的科学家的工作中。随着我学到的东西越来越多，这个清单也不断拉长，但有时也会缩短。这是一个流动性的、仍在继续的过程。最理想的情况是我可以找到公开发表的、经过同行评议的论文，接着找到写下这些论文的研究者。很多时候他们非常高兴和我分享他们的成果，经常还会向我发出邀请，让我参加他们的野外考察。如果我只是看过那些论文、然后就把

木贼

智利北部

它们放在一边的话，我连他们丰富的成果和经验的一斑都没法窥到。

尽管我竭力做到尽可能的准确，用研究支持我的论述，但在这个过程中也还可能有理解错或解释错的地方。此外，我们有必要牢记一点，就是科学并无止境。事实上，科学永无止境。当你看到这段话的时候，有些事情可能已经不一样了。人们有可能发现了新事实、新数字，老技术可能会遭到批评。就像物理学家弗里曼·戴森（Freeman Dyson）所言："科学的所有内容都不确定，要不断修订。科学的光荣之处在于能想象的东西比能证明的东西更多。"

对我来说，发起一个不只是"运用"科学的艺术计划很重要。最好的艺术项目和最好的科学项目相互促进，相互影响，为双方都带来新意；这不只是让研究看上去更美观，或是用新的科学工具创作艺术作品。从观念上说，我有能力承担这项从科学获得灵感的艺术工作，让研究者自己也觉得它有趣味和价值，哪怕它并非用传统的科学方法完成。比起让艺术学和科学家分道扬镳的东西，能让他们联合起来的东西更多。这两个领域的实践者都在寻求终极答案——也就是首

字母大写的真理——希望能够发明、发现或制作一些可以动摇旧思想、给世界带来持续冲击力的东西。艺术家和科学家都运用分析和综合的方法，都要冒风险，都在没有路标指引的未知领域做着深奥的思考。两边都有很多令人愉悦的意外。我相信，自己作为艺术工作者，应该回答一些问题，并提出更多问题。我曾听很多科学家也说过同样的话。

我的大部分照片系用一部只使用自然光的 6×7 中幅胶卷相机拍摄。书中以大尺寸印刷这些照片，它展现出的形象可以让观者以人类尺度的视角打量其表现对象，与此同时则让生物体的精确尺度变得比较隐蔽。每一幅照片的标题均为手写，这是向野外科学笔记的传统致敬，它本身也是作品的组成部分。每个标题都包括生物名称、拍摄时间、编目号码、生物体年龄和地点。

尽管我们已经知道，在史前文化中已有一些早期形式的科学活动，然而直到 19 世纪，科学才成为一个正式的、专门的领域。与此相反，甚至在我们还没有完全成为人类之前，艺术对人类经验来说就已经是很重要的东西了。250,000年前，尼安德特人用赭石颜色满足装饰的目的，很多最古老

XXIX

引言

的文化遗存是洞穴绘画和乐器。黑格尔有个理论，认为随着时间推移，世界将会认识自身。或许艺术就是这个观念的例证——正在认识自身的世界总体的创造性体现。演化加上意识，就产生了文化。

时间／旅行

在美国之外，我计划的第一次考察是去非洲。在南非的克鲁格国家公园考察时需要有武装卫队的保护，当我拍摄猴面包树时，他们负责挡开随时可能出现的狮子或其他的攻击性野生动物。随后，我抵达纳米比亚，却发现我一直指望能带我去寻找百岁兰的那些研究者已经动身前往安哥拉了，我只能在那里想别的法子。

有些不幸的遭遇在意料之中。我在澳大利亚被蚂蟥叮过，在多巴哥岛被珊瑚虫蜇过（后来珊瑚虫在我的腿上活了好几个月），这些小麻烦就像一种提示，提醒你在做一些非比寻常的事情。其他的麻烦则必须马上认真地关注，比如我曾在斯里兰卡一个偏远的地方扭了手腕。我还遇到过真正的危险时刻，一个人在格陵兰迷了路，而且没有任何与外界联系的

手段。我的旅途中满是愉快的个人气质，极好的人（对，也有极烂的人），还有我从未想过我会去的那些地方的景象、声音和味道。我一次次面对恐惧，有一个人在泛美公路上开车的恐惧，有学习水肺潜水时对深水的恐惧，还有穿越德雷克海峡前往南极洲时的恐惧——德雷克海峡是世界上最危险的开阔水域之一，而那次又是我第一次在海上过夜。

我的其他冒险则具有学术性。我不再攻读美术硕士，也放弃了之后再读个哲学博士的计划，因为马克·吐温说过，不要让一个人的学校经历妨碍他受的教育，我把这句格言的智慧铭刻于心。当然，我还有财务上的麻烦。我并没有富到可以自立的程度。有一种独特的认知失调，就是你的作品成了《华尔街日报》版面上的特色，与此同时你却付不起房租。然而，这也不能让我止步。

有时候，不是目标本身，而是它的周边，成了我最深刻经验的来源。

2008 年在格陵兰，我和考古学家马丁·阿佩尔特（Martin Appelt）及他的同事一起在一条冰川溪流里捕鱼。我们那时

很饿，必须吃晚饭。溪水里满是肥大的鳟鱼，让人感觉好像经历了时间的扭曲，得以一瞥这颗行星在人类蔓延之前本来的面貌。我向溪里撒下网，马上就捕到两条鱼。男士们决定提高难度，开始徒手捉鱼。是阿佩尔特率先把一条鳟鱼按在石头上，沿着石头表面把它滑上来，用一个流畅的动作把它扔在岸上。然后，他把我叫过去，说如果我想吃这条鱼，就应该自己杀掉它。

这真是古怪的一刻，但我的食物链哲学让我决定一试。我在十几二十几岁的时候是完全的素食者，但是后来有一段时间我感到自己体力不佳，于是重新在食谱里加入了海产品。我自己杀不了（或不想杀）的东西我是不想吃的，但是我觉得杀鱼的行为在食物链里占有天经地义的位置，至少我是这样说服我自己的。我拿起石头，往鳟鱼的头上笨拙地砸了一下，然后又来了一下。阿佩尔特收拾了残局。

能和你的意识形态正面相对，不管它们是什么，都让它们接受试验，这是天赐的礼物。这份礼物可能会在异域某地拆开，但它会成为印在你心里的经验。

我又想起以前我曾经觉得我永远也不会去南极洲，因为那里太冷了，不由哈哈大笑。我不光去了南极洲，而且到那里时还一头扎进水中——这是到达南极洲时的一种仪式，叫"南极跳"。我只穿着一件泳衣就头朝下跳进了南极海峡中，过了很长时间才在纯寒的打击下浮出水面。华氏 30 度的海水摸起来很重，而且几乎黏滞。我很难形容我那种深深的敬畏感，既敬畏我要寻找的藓类，又敬畏最早那些敢于到如此骇人的未知之地冒险的探险家。如今，南极洲和南乔治亚岛都在世界上我最喜欢的地方之列，此外还有格陵兰和纳米比亚。这些深远宏阔的景观我怀疑我本来会以别的方式打量它们。所有到这些地方的旅行都像是沿着时间回溯。它们是展现这世界本来面貌的窗口，让人感到阵阵剧痛，这是对那些美丽得可怕而难以想象、却在遥远的过去永久失落的事物的怀念；伴随着剧痛的是希望，我们仍然可能修复自己造就的一些破坏的希望。

然而，就像潜入深水一样，停在深时间中也是一场战斗。我们不断被带回到表面，忙于此刻的想法和需求。不过，和已经活了至少 2,000 岁的生物相联系并不意味着要减少我们此时此地的经验；事实上恰恰相反。也许，通过这些古老生

鳟鱼的血和冰川溪流

格陵兰伊加利库峡湾

命之眼来打量世间，与深时间的最深之处相联系，可以让我们学会像它们那样全盘而长远地考虑问题。我想，这世界上不会有哪个问题是不能通过长时段的思考而获益的。

我用了将近十年时间研究，摄影，到世界各地去寻找古老的生命，这也让死亡进入了我的视野。面对"永远"的高深莫测的广度，我对人类个体生命（我的生命，或他人的生命）的短暂有了更直接的理解；与此同时，站在这些古老生命之前，我们却有很多与瞬间的联系，它们小如分子，在微观和宏观两个层次上都构成了一部持续开展的叙事。任何瞬间都很重要，我们都在其中。

所以，亲爱的读者，听过我的这些话之后，请和我一道出发吧，在全世界向过去的时间做一番小小的旅行。我邀请你回忆那些曾经逗起你的想象的任何事实、幻想或记忆碎片，带上它们去实验室，去工作室，去保护，去对话。你并不非得知道你要寻找什么，只需要确定你在寻找。

北美洲

01

巨杉

年龄
2,150~2,890 岁

地点
美国加利福尼亚州国王峡谷和巨杉国家公园

绰号
谢尔曼将军，克利夫兰，华盛顿，哨兵树

中文名
巨杉

拉丁名
Sequoiadendron giganteum

"哨兵树"   #0906-1437（2,150 岁）

加利福尼亚州巨杉国家公园

野火烧过的巨杉　#0906-2222

加利福尼亚州巨杉国家公园

"哨兵树" 　#0906-1318（2,150 岁）

加利福尼亚州巨杉国家公园

如果你问一个美国人，美国最古老的树是什么，他的回答往往是北美红杉。这是一个可以理解的错误：北美红杉是宏伟的树种，大得令人瞠目，围长和树高都很可观。然而，虽然北美红杉的确保持着几项美国纪录，事实上却是它的南方兄弟——巨杉的个体普遍更为长寿。尽管如此，巨杉也只是加利福尼亚州的 5 种寿命越过 2,000 岁门坎的植物里面最年轻的一种。已知最古老的巨杉树现在已死，它有 3,266 岁。

加利福尼亚是我的探古旅程的第一个目的地。巨杉又是这条包括了长寿松、莫哈韦丝兰和三齿团香木的路线上的第一站。先从这些植物开始看来是明智的，可以在我自己的国家为创作计划奠定最初基础。我对要做的事情还不是特别有把握，但是去追踪一些研究（或者像巨杉之旅的情形一样去追踪研究者）并不难，坐飞机到伯班克再租一辆车也不是什么令人畏惧之事。我此行的目的地是国王峡谷国家公园，它和巨杉国家公园共有一片古老的森林。我在公路上第一个标着"巨杉"的路牌处心情振奋地下了公路，结果后来发现至少早了一百英里。不过，反正我也不急。我沿着一条路开了很多英里，我记得这条路虽然是砾石路，但铺得挺平整。傍晚我路过一座乡间小屋，又向前开了一点路，之后原路返回。数以百计的蜂鸟在松林里的鸟食罐上呷食。现在是九月，它们正在迁徙。

第二天早上，我凭着国家公园通行证进入国王峡谷。来到这里我很兴奋，除了壮丽的自然景色外还有一个原因。我是带着问题来的。我要去见人。

据记录，森林里有四棵树的年龄在 2,000 岁以上。树轮年代学家内特·斯蒂芬逊（Nate Stephenson）告诉我，事实上有数以百计的树木可能都超过了 2,000 岁，但是他们没有人力物力把所有这些树的年龄都测一遍。树轮年代学的目的并不只是给树木的年轮计数，确定它们的年龄；它还是可用来推定过去的气候环境的关键工具。然而，对于巨杉来说，科学家似乎没有太多动力去测定更多树木的年龄，至少现在是这样。如果把国王峡谷中的巨杉老寿星的年龄从小到大排列，那么首先是"哨兵"的 2,150 岁，然后是"谢尔曼将军"的 2,200 岁，"华盛顿"的 2,850 岁，最后是"克利夫兰"的 2,890 岁。最年轻的两棵树很容易定位，较年老的两棵就需要用一种叫"茎图"的地图在森林的另一个区域里寻找了。"茎图"看上去让人想起天体导航图，树木组成了地面上的星座。圆

"谢尔曼将军"　　#0906-1628（2,200 岁）

加利福尼亚州巨杉国家公园

岩层露头上的丝兰　#0906-1237

加利福尼亚州巨杉国家公园

圈代表活树，直线代表倒下的树。凭着手中的地图，我找到了"克利夫兰"，它位于一排健壮的同伴之中。"华盛顿"离林中路更远一些，要穿过一些刚遭火焚的区域。巨杉的球果不大，如石头般坚硬，只有受了高热的炙烤才会裂开，散出种子。林火还可以恰到好处地烧掉林下层，是保持森林健康所需的自然现象，而这靠人类的干涉是搞不好的。

巨杉的幼苗特别怕旱。斯蒂芬逊告诉我，"气候变暖会导致雪提前融化，夏季的干旱程度更深、时间更长"。巨杉国家公园和国王峡谷国家公园现在正在制订更为正式的幼苗监视计划，并在把气候变化直接纳入考虑之后重新确定长期管理目标。这个复杂的重新评估工作需要几年时间才能完成。

回到游客中心，一位护林员开玩笑说，和我们人类不同，巨杉一年比一年年轻；它们的年龄过去被高估太多了。与此相反，北美红杉却可能真的是越来越老。这次访问之后过了五年，一个发现引起了我的注意。洪堡北美红杉州立公园里的一些北美红杉正在通过无性繁殖生长，这就带来一种可能性，让我们需要把它们的年龄高估许多倍。不过，对这些北美红杉年龄的可靠评估至今还没有做出。我们只能说，这表明科学永无止境，孤立的事实从来都构不成完整的画面。

02

长寿松

年龄

5,068 岁

地点

美国加利福尼亚州怀特山脉

绰号

玛土撒拉，普罗米修斯

中文名

长寿松

拉丁名

Pinus longaeva

长寿松　#0906-3033（可能有 5,000 岁）

加利福尼亚州怀特山脉

长寿松，局部特写　#0906-3030

加利福尼亚州怀特山脉

长寿松　#0906-3028

加利福尼亚州怀特山脉

5,000 年，足有大变。

仅仅一个世纪之前，才有一位天文学家而非生物学家建立了现代树轮年代学。安德鲁·道格拉斯（Andrew Douglass）正在研究 20 世纪初的气候变化，想找到太阳黑子周期与相应的树木年轮数据之间的关系。1932 年，道格拉斯聘埃德蒙德·舒尔曼（Edmund Schulman）为助手。舒尔曼由此便把终生献给了寻找最长寿树木（尽管他自己只活了 49 岁）的事业，收集了很多还没来得及分析的材料。舒尔曼的工作从巨杉开始，但他很快意识到，生存于逆境之下的树木事实上才可能活到最长的寿数。这也是我开始我的研究时最先了解到的教训——能够拥有最长寿命的不是生长迅速而蓬勃的生物；事实常常截然相反。长寿松据称拥有"地球上最古老的单一（非无性繁殖群体）生物"的美誉。1957 年，舒尔曼和那时还是他的学生的汤姆·哈兰（Tom Harlan）一起发现了"玛土撒拉"树，如今它已经有 4,845 岁，是最有名的一棵长寿松。哈兰由此逐渐成为一名杰出的长寿松研究者。

"玛土撒拉"树的故事常常不如另一个臭名昭著的犯错故事有名，不过，这后一个故事已经变成了带有神话色彩的野外研究的警诫性报告。1964 年，一个叫唐·卡利（Don Currey）的研究生来到内华达州惠勒角的另一片长寿松林，这是寥寥无几的长寿松林之一。卡利钻取树芯的钻头断在了他采样的一棵树里面。对研究生来说，这是一件昂贵的设备。于是一位公园护林员建议他干脆把树砍倒，把钻头拿出来。既然森林里有数以百计的长寿松，只砍倒一棵又有什么大不了的呢？后来人们发现，这棵在死后命名为"普罗米修斯"的树在被砍倒时已经有 4,844 岁了，它成了那个时候地球上已知的最老的单一生物体。这棵树的一个横切片曾经在一个小镇赌场里展出，但我去的时候发现它已经被当地商会转移到商会会议中心了。另一个切片则得到了亚利桑那大学树轮研究实验室的研究利用。卡利后来换了职业，成了一名地质学家。

事实上，哈兰发现了一棵比这两棵树都老的树；它可能就在舒尔曼生前采集的样品之中。

当我 2006 年找到哈兰时，他告诉我，已知最老的长寿松并不是大众以为的"玛土撒拉"树，而是在公园同一个区域内生长的一棵大约 5,000 岁的无名树。（落基山树轮研究组织最近确定它的年龄为 5,062 岁。）哈兰和他的同事把对树芯样品的交叉定年和放射性碳定年结合在一起，来确定很多长寿松的年龄。落基山实验室主任彼特·布朗（Peter Brown）在电子邮件中告诉我，令人感兴趣的不只是树木个体的年龄；哈兰在他最后的研究项目中还把舒尔曼的未分析样品都研究了一遍，试图把能和树轮完全锚定的年代一直向前推到公元前 12,000 年。令人难过的是，哈兰本人已经在 2012 年去世。有关他的发现的新闻一直没有广泛流传，同样，标记在山路边的哈兰之树或"玛土撒拉"树也不怎么为人所知。曾用来标出"玛土撒拉"树的标志已经被拿掉很久了，因为游客一直喜欢从它身上摘取"纪念品"，对它造成了伤害。

到我 2006 年秋天自己动身之时，哈兰在那个秋天安排的野外工作已经完成，所以我只能独自前往。九月份，10,000 英尺高的地方寒意阵阵，路上很少能碰到第二个人，山路起点处的人就更难得一见了。哈兰事先提醒过我要找什么，在沿路的什么地方找。他还说，没有理由相信我们已经找到了最老的那棵长寿松，因为在森林里还有数以千计的松树呢。

沿着裸露的山坡攀登时，我被这些老态龙钟的树木打动了。一棵又一棵的古树——有的树年龄差不多是最老的巨杉的两倍——冲击着我的双目。我在这里还获得了对"森林"的另一种全然不同的经验。巨杉庞大的体魄令人敬畏。它让我想起摄影家杜安·米夏尔（Duane Michals）《真实的梦》（*Real Dreams*）一书中的妙语："你不得不成为一台不会被约塞米蒂（国家公园）之美打动的冰箱。"对巨杉来说也是这样。然而，长寿松之美却多少体现在它们在树线上界进行的生存斗争之中。我们越了解这一点，它们越是迷人。譬如说吧，它们可以在养分有限的情况下维持生存，关闭所有非必需的系统，保证整体的存活。一棵树可能看上去已死，只有唯一一根枝条还活着。长寿松的松针五针一束，可以存留长达 40 年的时间，比大多数松树要久得多。这两个特征都说明，长寿松把效率看作一种生存策略。它的茎干满是鼓包，暗示着岁月沧桑。看到它们壮健的耐力周围覆满了年岁的标记，人们不禁会想，它们可能抱有刻骨铭心的生物学意志要生存下去。

令人后怕的是，当年的原子弹爆炸试验就在内华达试验场的边上进行，离这里不过一百英里开外。如果长寿松不是

长寿松　#0906-3237

加利福尼亚州怀特山脉

处于上风口的话，即使没有被一下子全部杀死，它们也可能会受到不可平复的创伤。显然，它们没法起身避开。如今，长寿松受到的最大威胁是一记正在打出的左右组合拳。左拳是松疱锈病，一种一个世纪之前入侵美国的由空气传播的真菌病害；右拳是本土的松小蠹的蜂起。它们合谋造成了长寿松的缓慢死亡，这一局面又因气候变暖而益显严重。

长寿松的长寿，并非和周边的极端环境无关；它们恰恰是因为这些环境才长寿。高山地区升高的气温不只是会让一大群威胁性的物种到达新的海拔高度，它还意味着长寿松现在会比从前几乎所有的时代都长得更快。最新的树轮计数表明，在过去 50 年中，它们的生长速率增加了 30%，在此之前的 3,700 年中，任何一个同等长度的时间段中的生长速率都没有这么快。

03

三齿团香木

年龄

12,000 岁

地点

美国加利福尼亚州莫哈韦沙漠索基干湖

绰号

克隆王

中文名

三齿团香木

拉丁名

Larrea tridentata

三齿团香木　#0906-3628（12,000 岁）

加利福尼亚州莫哈韦沙漠

三齿团香木 #0906-3637（12,000 岁）

加利福尼亚州莫哈韦沙漠

三齿团香木近观　#0906-3905（12,000 岁）

加利福尼亚州莫哈韦沙漠

从怀特山脉海拔 14,000 英尺处，开车经过最低点在海平面以下 282 英尺的死谷的边缘，到达巴斯托，全程有几百英里。当我先驶往土地管理局的一间小小的驻外办事处，然后又启程进入莫哈韦沙漠时，我瞥到了爱德华兹空军基地和其他显眼的荒漠军事设施。

仅仅 12,000 年前，人类才开始农耕和饲养牲畜；也就在这时，如今已有大约 12,000 岁高龄的三齿团香木和莫哈韦丝兰开始了它们的生命。它们是我最先有意拜访的无性繁殖生物。

这两株植物彼此相距 10 英里，位于土地管理局所有、指定用于全地形房车"自由活动"（该局的用语）的土地上，用铁丝围栏保护了起来。无论是"克隆王"三齿团香木还是尚无绰号的那株莫哈韦丝兰，都具有显眼的环状结构，从中心的原生茎向外缓慢推进。人们没有在它们身上钻孔，以证实它们非凡的寿数；它们的寿命是自我的缓慢而稳定的延续——新茎不断替换掉旧茎，小心翼翼地向外扩张，从来不做跳跃。无论是三齿团香木还是莫哈韦丝兰，要让它们给你造成强烈视觉冲击，最佳方法是从上方俯视。（我没有乘坐直升机，而是爬到公园护林员的卡车顶上，寻找我能找到的最好视角。）无性繁殖群体的环状形态，是把它们和各自的年轻同胞区别开来的唯一线索；事实上，三齿团香木在这个地区无所不在。莫哈韦丝兰的数目没有那么多，但那看上去像是有生命的小型巨石阵的环状形态同样让古老的植株与众不同。（这两个种各有几个无性繁殖群体，彼此位置接近；我只关心两个种中最老的那株。）

最古老的那株三齿团香木有时候被人们叫做"克隆王"，它在 20 世纪 70 年代为加州大学河滨校区的退休教授弗兰克·瓦塞克（Frank Vasek）所发现。人们对它每年的微小扩张的生长速率做了分析，河滨校区一间实验室也做了放射性碳定年，这些数据合起来便可帮助人们估算它的年龄。三齿团香木在英语中叫"杂酚油木"，因为它们新鲜时的气味像杂酚油而得名；在没有降雨的情况下，它们仍然可以存活两年那么长的时间。范围广阔的根系可以把能摄取的任何水分都吸收进来。莫哈韦沙漠谷底气温最低为华氏零下 20 度，最高则超过华氏 100 度，达到华氏 120 度。

在我来访之前，土地管理局的研究科学家拉里·拉普雷（Larry LaPre）是我的第一手信息来源。尽管三齿团香木是沙漠景观中比比皆是的特征，拉普雷却只是把最古老的无性繁殖群体描述为一个直径大约 50 英尺的长卵圆形。显然，土地管理局的科学家已经有些年头没有到这些地方来了，好在我让土地管理局的护林员阿尔特·巴苏尔托（Art Basulto）带我把两个地方都去了，实在是特别幸运。在我们谈话冷场的时候，巴苏尔托就讲起装备严重不足的当日往返的驴友的轶事，对走失儿童的搜救，沙漠马拉松的训练，沙漠的春花，以及所有季节里沙漠都会刮起的风暴是何等壮观！在我们步行的时候，他弯下身去，一挥手臂就敏捷地捡起一个蛇的头骨。

尽管当下生活的实际情形会塑造它们的现在和未来，在哲学上却还有一番可供深思的有趣对比。三齿团香木和莫哈韦丝兰的无性繁殖群体都是从一根单一的古老茎开始向外缓慢扩张，就像是生物版本的宇宙膨胀。这不是说要把哈勃常数和它们几年才扩张一厘米的生长速率直接类比，而是说，三齿团香木和莫哈韦丝兰的无性繁殖群体通过无穷小的向外扩张，为我们提供了深时间尺度的活生生的画面，而这画面是我们用一般的视角观察不到的。

尽管让人很难不忧虑的是，时间已经不再在它们这边。

04

莫哈韦丝兰

年龄

12,000 岁

地点

美国加利福尼亚州莫哈韦沙漠

绰号

无

中文名

莫哈韦丝兰

拉丁名

Yucca schidigera

莫哈韦丝兰　#0311-P0983（12,000 岁）

加利福尼亚州莫哈韦沙漠

我对很多考察对象都未曾重访，但是在 2006 年第一次访问莫哈韦丝兰之后，我对照片不太满意，所以 2011 年在附近的里弗赛德拍摄帕默氏栎之时，我乘机就对莫哈韦的这些长者做了第二次访问。帕默氏栎的研究者也和我同行，他们对这些无性繁殖群体也很好奇。我本希望能见到它奶油色的春花，但尽管现在是春季，我们肯定还是到得太早了；如果是为了见它晚春结的果实，那就更是到得太早了。莫哈韦丝兰只由蛾子传粉，更准确地说，是只由学名为 *Tegeticula yuccasella* 的丝兰蛾传粉；当然，它还可以通过营养方式繁殖，所以只须聚集起足够让自己长出新芽的能量就行了。换句话说，虽然种子的受精需要正常的传粉过程，但是对于这个丝兰无性繁殖群体来说，或者对于任何无性繁殖的生物来说，它们可以自我繁殖，所以只要不断制造复份就行了，用不着搞那些受精的麻烦事。不过，如果能见到它的花就好了。

我上一次来时，阿尔特·巴苏尔托告诉我，本地人在遇到沙漠风暴时会把莫哈韦丝兰当成避难所。莫哈韦丝兰的果实可供人类食用，纤维可以织成各种织品，叶子中的皂苷还可以用来做肥皂，但实在很难想象它们如何能够为小型荒漠动物以外的生灵提供庇护。也许它们以前更健壮吧。的确，

这个无性繁殖群体现在的状态不如 2006 年的时候好了。虽然我的工作本身不是生物保护摄影，却凸显了这一工作的重要性——只去一个地方拍摄一次，仿佛是把拍摄对象当成静物，会给人造成误导。退却冰川的照片只有和几年前的图像配对、说明冰川如何退却，才能呈现出巨大的力量。照片，是时间上一瞬的记录，但正因为它们只真实了一次，所以不能保证画面上的状态可以持续。事物毕竟会变化。

在我两次来访期间，这里连续旱了几年，降雨比沙漠地区通常能获得的接近于零的降水量还少。（虽然莫哈韦丝兰不需要很多水分，但和三齿团香木不同，为了保持常绿状态，它一年仍然需要大约 6 英寸的降雨。）干旱本身就是严重的问题，又因荒漠鼠类的为害而雪上加霜。林鼠为了获取水分，会啃咬丝兰的叶子。不过，在科学上看来，这些林鼠并非仅有害处。它们的洞穴或叫"残食冢"富含有关气候的珍贵信息。千万年来，一代又一代的鼠类栖息在同一套巢穴中，把洞外的残渣和遗传信息收集起来，堆积起一层又一层。我们可以像看一本书一样阅读这些遗存，只要你知道如何阅读。

在我刚开始考察计划的时候，我并没有想到在沙漠中还

莫哈韦丝兰　#0311-1430（12,000 岁）

加利福尼亚州莫哈韦沙漠

会有寿命这么长的生物。也许小叶丝兰算是一种——从名字来看又是一种丝兰——但人们认为它顶多只能活几百岁。但是到我重访莫哈韦沙漠的时候，我已经见过了四大洲的著名荒漠，知道地球上一些最为奇特的长寿生物以此为家，于是我的观点便发生了彻底的转变。和长寿松的情况类似，事实越来越清楚地表明，极端环境可以创造适应性独特的生物。

尽管土地管理局的土地没有提供和国家公园一样的保护措施，至少"克隆王"三齿团香木和那株莫哈韦丝兰已经用围栏围起。然而，我最近刚听说荒漠里的军事力量要扩张，可能会占用房车"自由活动"之地。突然之间，隔壁那对只在周末打仗的战士让人觉得也不算是多坏的邻居了。

莫哈韦丝兰 #0311-1320（12,000 岁）

加利福尼亚州莫哈韦沙漠

05

实柄蜜环菌

年龄
2,400 岁

地点
美国俄勒冈州

绰号
巨菌

中文名
实柄蜜环菌

拉丁名
Armillaria ostoyae

实柄蜜环菌　#1106-2232（2,400 岁）

俄勒冈州马卢尔国家森林

实柄蜜环菌　#1106-19B24（2,400 岁）

俄勒冈州马卢尔国家森林

实柄蜜环菌 #1106-1414（2,400 岁）

俄勒冈州马卢尔国家森林

实柄蜜环菌是蜜环菌的一种，俗称"巨菌"，因为在最古老的生命中是唯一的捕食者而与众不同。（这是说它会捕食某些种的树木，不是说它会吃人。你也可以把它看成一种病原体，但它其实不太能让人想起同名恐怖电影《病原体》中的场面。）实柄蜜环菌还是地球上最大的生物之一，分布面积几乎达到 3.5 平方英里（约 2,200 英亩），在这么大的范围里所有的菌体在遗传上都是同一个生物体。尽管真菌实际上是地球上分布最广的生物，但在最古老生命的名单里却只有实柄蜜环菌这一种真菌。真菌自成一界，而且让人惊讶的是，比起植物来，它们和动物的关系更近——动物和真菌很可能拥有共同的祖先，在 11 亿年前就和植物的祖先相互分开了。（现在还不知道动物和真菌分道扬镳的精确时间，但想象一下这个大家庭团圆的场景吧。）实柄蜜环菌几乎全部生活在地下，这给拍摄带来了一点麻烦。

2006 年 11 月，我前往俄勒冈州东部的马卢尔国家森林，但山区不巧刚下过雪。实柄蜜环菌的子实体（"蘑菇"）会在秋天冒出地面，但不会存在太长时间，更不可能活在雪下。这是我第一次获得教训，在计划出行之前应该对季节限制加以更严格的考虑。不过，在我从一个叫约翰戴的小镇驱车前往镇子西头一家锯木厂旁边的美国林务局大草原城护林站时，看到天上乱云翻滚，不时有几束亮光从云隙射下，又有一道彩虹闪耀在阴灰的天空上，不禁如醉如痴。

林木病理学家克莱格·施米特（Craig Schmitt）举止如祖父般慈祥，就像当了一名伐木工的圣诞老人。我们在林中穿行时，他拿常绿树的种类来考我——这里有落叶松、花旗松、扭叶松，还有西黄松。他能轻松地看出哪棵树已经被真菌侵害，对着一棵已经走上不归路的树的树干只一砍，便暴露出藏在表面下的真菌来。白色菌丝交织成的密毡从地面向上强行挤进树皮和边材之间，最终阻绝了所有水分和养分的流动。尽管实柄蜜环菌会杀死寄主，但你仍然可以说它是一种聪明的真菌——如果不说是一种礼貌的真菌的话——因为它不会杀死还没长到生殖年龄的幼树，这样就保证自己也能一直活下去。当然，有了人类干涉，情况就不同了。实柄蜜环菌是这群古老的生命中唯一一种被人们有意限制其生长的生物。在森林管理方案中，有一条就是栽植对这种真菌不易感的树木，希望可以减缓它的生长，限制它的破坏力。虽然实柄蜜环菌结的蘑菇可以吃，但我想森林管理方案中是不会包括一场晚餐宴会的。

世界上最老最老的生命

寻找实柄蜜环菌的"死亡之环" #1106-1129（2,400 岁）

俄勒冈州马卢尔国家森林

第二天，我又和菌物学家迈克·塔特姆（Mike Tatum）及吉姆·劳里（Jim Lowrie）一起考察了森林的另一个地方。他们简直就像坐在家里一样谈天说地，从工作一直聊到如何猎鹿，还开起另一名菌物学家的玩笑，说他只研究蜜环菌的一个方面，真是盲人摸象。（没错，这两个嘲笑该菌物学家是书呆子的人，自己就是菌物学家。）我们还谈论了森林管理所面临的更广大的社会问题。外行会做出情绪化的决策，比如投票反对人为控制的烧山和其他最佳的管理措施，这会损害科学家的专业意见的效力，使问题愈演愈烈。在人类的意义上自然并不总是"好的"，把人类价值强加在生态系统的自然循环之上常常会导致灾难。我们一边走，我一边采集地衣和藓类，让两位科学家鉴定。前一天和施米特出行时我已经采集了松果和实柄蜜环菌样品，现在它们又成了我的新收藏。

虽然蜜环菌是森林中最有名的树木杀手，但除它之外还有其他的根部病害菌，比如魏尔氏针层孔菌（学名*Phellinus weirii*，可引起叠层根腐病）和菌托隐孔菌（学名*Cryptoporus volvatus*，也叫"袋菌"，可引起灰褐边腐病），它们可以让木材迅速腐烂——当然你也可以把这看成自然界

循环过程的一部分。塔特姆又告诉我："很多树还存在甲虫为害的迹象，在死于各种根部病害的树木身上，这是常事。甲虫通常不过是加快了树木的死亡罢了，因为它们会被身染重病的树木吸引，而这些衰弱的树没办法像健康的树那样把甲虫顺利地'甩'掉。"（我喜欢这幅树木陷于死战的画面，很难想象它的对手竟是甲虫这样的生物。这就像是播放得十分缓慢的战斗场面。）

蜜环菌的踪迹并非只能从地面上或地下看到。我来这里之前，已经租好了一架飞机，坐上它可以搜寻所谓的"蜜环菌死亡之环"。实柄蜜环菌以环形的方式杀死被害者（对于最古老的生命而言，环形生长已经成了一个话题），如果你能辨认出来的话，就可以从上空看到这个场面。我手头有一些地图和GPS坐标，而且至少知道实柄蜜环菌正在地下潜行。以前我从来没有坐过塞斯纳公司这么小的飞机，也从来没有这么害怕晕机。在我把汽车旅馆提供的酸乎乎的咖啡吐出来之前，我拍下了尽可能多的照片，然后便和飞行员唐突地返回了机库。

离开小镇之前，我找到本地邮局，把采集的生物样品

寄回东海岸。等我回到布鲁克林公寓大楼的时候，就能在楼道里见到这个箱子了。如今，我采集的毒狼杂髓衣（学名 *Letharia vulpina*，对犬科动物有毒）仍然活在我窗台上的花盆里，放在它旁边的是纳米比亚的龙骨葵（学名 *Sarcocaulon patersonii*）和一小副屋久岛梅花鹿鹿角。回家几个月之后，我在工作室中用 4×5 的大幅相机拍摄了那块满是实柄蜜环菌的树皮。但是乍一看去，它上面并没有生命的迹象——确实，它已经死了。

实柄蜜环菌

06

黄杨叶佳露果

年龄
8,000~13,000 岁

地点
美国宾夕法尼亚州佩里县

绰号
耶路撒冷佳露果，圣经果

中文名
黄杨叶佳露果

拉丁名
Gaylussacia brachycera

黄杨叶佳露果　#0906-0103（8,000~13,000 岁）

宾夕法尼亚州佩里县

被鹿啃去树皮的黄杨叶佳露果的枝条　#0906-07A07（8,000~13,000 岁）

宾夕法尼亚州佩里县

多伊尔家谷仓墙上的鹿角　#0906-09A09

宾夕法尼亚州佩里县

我对最老的黄杨叶佳露果的搜寻结束于别人家的后院里。塔斯卡罗拉州立森林里的霍佛特和肖尔黄杨叶佳露果自然区有一株 1,300 岁的个体，我在与州立森林的森林区总部联系之后，却出人意外地被引荐给私人土地主吉姆·多伊尔（Jim Doyle），他那里有另一棵黄杨叶佳露果，寿命整整是自然区里那株的 10 倍。

黄杨叶佳露果因为叶形像黄杨而得名。它是蓝莓的近亲，叶子闪亮而常绿不凋。它在春季开花，之后会结出可食的果实，但据说淡而无味，披肩榛鸡要比人类更喜欢它们。黄杨叶佳露果自交不亲和，这个术语听上去给人一种它们需要接受治疗的感觉，其实是说它们和其他一些有花植物不同，无法自己给自己授粉。由于这个种只有不到一百株个体，星散地生存在从宾夕法尼亚州到墨西哥的广阔地带，它们接触到伴侣的机会实在太小，难怪营养繁殖会成为它们唯一的生长方法。

吉姆·多伊尔的曾祖父母是自耕农，他们在 1889 年把宾夕法尼亚州中部的几块地买了回来。那时候，附近的费城刚举办过《独立宣言》签署一百周年庆典，人们还引以为傲。

多伊尔家族在买下的地上开采页岩，伐木取材。大萧条时期，他们又靠在自家土地上从事渔猎等活动为生。多伊尔还得意地给我讲了个故事，说就在我们站立的河湾附近，乔治·华盛顿曾经掉进朱尼亚塔河（萨斯奎汉纳河的支流）。我没法从别的地方证实这个说法，但这个故事当然让多伊尔家庭已经很丰富的传说更显传奇。凑巧，我自己的家族和宾州也有联系。我的外祖母来自捷克斯洛伐克，1957 年定居宾州首府哈里斯堡。这次出行，我也去看望了她，连我母亲都从我的出生地巴尔的摩开车前来，和我一起去找那棵黄杨叶佳露果。

多伊尔家族是在 1920 年发现他们的土地上还有其他一些值得注意的东西的。哈里斯堡博物学会秘书哈维·A. 沃德（Harvey A. Ward）在落款时间为 1929 年 2 月 14 日的一封信中描述了自己的发现：

我离开考察队，去考察那条沟谷。我马上注意到一丛有着光亮绿叶的矮灌木。在我眼里它完全陌生。我认为它是某种越橘，而且毫无疑问是常绿植物。……虽然花和果都不见踪影，但从《格雷手册》提供的简短植物描述来看，我确定我发现了黄杨叶佳露果的一个新群体。我把这株植物的标本送给纽约植物园、格雷标本馆和华盛顿的农业部。几天之后，这些专业部门都给我发来回信，证实了我的发现。……华盛顿的弗雷德里克·V.科维尔（Frederick V. Covill）博士和埃德加·T.惠利（Edgar T. Wherry）博士以及纽约植物园的约翰·K.斯莫尔（John K. Small）博士对这个群体做了几次考察，对它的范围产生了深刻的印象。

近年来，宾州公园部门曾提议多伊尔家族让他们来担任这株无性繁殖群体的看护者之职，并把一部分土地转为公地。多伊尔先生对研究者一向十分慷慨，准许他们进来研究，却丝毫不为这个提议所动，拒绝签定这样的永久性协议。有句谚语说，种一棵树最好的时候是十年以前，其次是现在。对于我们还有机会保护起来的东西而言，这个说法也适用。这个黄杨叶佳露果的群体曾经广达一百英亩、绵延一英里，但大部分却在 1963 年被毁，就为了重修 22 号和 322 号公路。后来的一场大火又烧掉了不少植株。

我到访此地之后的几年间，科学不断进步，对这个群体 13,000 岁寿数的判定也招来了疑问。因为和冰川数据相冲突，再考虑到遗传漂变和突变的问题，如今，人们认为多伊尔家的黄杨叶佳露果应该有 8,000 岁上下。但这仍然是个不能等闲视之的寿数。

07

帕默氏栎

年龄

13,000 岁

地点

美国加利福尼亚州里弗赛德

绰号

胡鲁帕山栎树

中文名

帕默氏栎

拉丁名

Quercus palmeri

帕默氏栎　#0311-0514（13,000 岁）

加利福尼亚州里弗赛德

我很高兴收到生物学家杰弗里·罗斯－伊巴拉（Jeffrey Ross-Ibarra）发来的电子邮件，他把他和同事确认的一个新发现告诉了我。这回涉及的古老生命是一棵无性繁殖的灌木栎树——帕默氏栎，至少已经活了 13,000 岁，实际的岁数可能是这个数字的两倍还多。这个种本身最早由爱德华·帕默（Edward Palmer）描述，后来便用他的名字来命名。帕默是一位自学成才的植物学家（而且还是考古学家），在 1891 年受美国农业部聘用考察了美国西部以及墨西哥部分地区。不过，加利福尼亚州里弗赛德（Riverside，直译是"河滨"——译注）的这株古老个体却是在离帕默的考察满一百年略多的时候由米切尔·普罗万斯（Mitchell Provance）发现的。米切尔是本地居民，那时是初出茅庐的植物学者。正是这个发现肯定了他追求科学的曲折之路。

我驱车从洛杉矶前往里弗赛德这座位于内陆地区的城市，它最大的名声，就是加州柑橘业兴起于此地；1874 年，有三株脐橙树苗从巴西移植到这里，这是柑橘产业肇始的标志。我约见了普罗万斯和安迪·桑德斯（Andy Sanders）。桑德斯是加州大学河滨校区标本馆的负责人，正是他帮助普罗万斯证实了自己的预感。普罗万斯在 1996 年冬天才上了第一节野外植物学课，两年之后他就发现了那棵栎树。尽管他小的时候就想走上科研之路，家人却一直劝说他读文科。普罗万斯在电子邮件中告诉我，在孩提时代，他曾顺着自己的意愿花了一个夏天阅读有关哺乳动物分类的文字，这让我不禁把他的自学成才和在他之前的帕默的努力联系了起来。安迪·桑德斯是他最早遇见的"植物猎人"（这是普罗万斯满怀敬意使用的称号，但有些植物学家却认为这是个贬义词）之一，桑德斯鼓励他在胡鲁帕山进行植物区系调查。在一次徒步调查中，普罗万斯邂逅了那棵栎树，马上就意识到它非比寻常。十年之后，由普罗万斯和桑德斯、罗斯－伊巴拉以及他们的另两位同事共同署名的论文发表了，证实这棵树的年龄最少也有 13,000 岁，可能还要老很多。

如果你觉得这棵栎树类似于《爱心树》里的那棵树，或是像巨杉一样有庞大的体量，那你就要再考虑一下了。就像很多无性繁殖的生物一样，当你路过这棵树的时候，可能根本意识不到自己竟然和拥有如此漫长生命的生物离得这么近。事实上，你多半不会意识到你走在一棵栎树的面前。帕默氏栎的叶子很硬，具有欧洲枸骨叶一般的锐利尖角，虽然它和欧洲枸骨并没有亲缘关系。

帕默氏栎所在地点山脚下的垃圾　#0311-0964

加利福尼亚州里弗赛德

帕默氏栎　#0311-0921（13,000 岁）

加利福尼亚州里弗赛德

更新世结束的时候，这片地区变得更加干旱，帕默氏栎原本能够生存的广大地区，都干得无法再让它立足了。如今这棵栎树是一个已经不再存在的生态系统的孑遗，它在这处陡峭的山坡上扎根时，乳齿象和骆驼还在这片地区漫步。我万万没想到骆驼原来起源于北美洲，有一些游荡到南方，成为羊驼和大羊驼，还有一些跨过白令海峡到了亚洲。自那以后，这棵栎树就一直静静地坚持在那里，直到几处住宅区、一家水泥厂、充填了各种模块化家居设备的集装箱和不时经过的越野车成为它的新邻居。从前是制冰毒窝点的废墟和废弃的家具如今散落在山脚的坡上。爬到山顶不太容易；如果你的注意力不得不一分为二，既要踩稳，又要把摄像设备安全地运上去，那爬起来就更困难。然而，这很可能也是这棵栎树能不可思议地存活至今的原因。事实上，它长在屡遭外来者闯入的私人土地上，而且恐怕连土地拥有者都不知道这儿还有这么一棵树。不仅如此，它所栖息的多石陡坡还让它避开了山火最常侵袭的路径。

不久前，我和桑德斯检查了这棵栎树当前的健康状态。他开心地报告说，尽管这个地方正在遭受干旱的打击，但这棵树的许多茎干仍然长出了新枝叶，开出了繁茂的花。然而，

他继续说道："如果这一地区像一些气候模型预测的那样长期干旱，那么这里的栎树会受到胁迫，可能会遭遇严重威胁。……我猜测只要胁迫强度再稍大一点，就足以导致死亡。"

桑德斯这次来访还有另一个原因。他带了一些菌物学家来开展有关"生长在栎树的细根上、在营养的吸收上起重要作用的菌根真菌合作者"的野外研究。不过，这种真菌不像蜜环菌那样构成威胁。"欧洲出产松露的那种真菌，是这类型［菌根真菌］的一个例子。可惜的是，本地的真菌没有一种能够产出上等的松露。我从未听过有人在帕默氏栎树下寻找松露，但也许以后就可以了。"

与此同时，普罗万斯也在辛苦工作。事实上，他刚刚又发现了南加利福尼亚特有的一个打碗花属新种。

通往帕默氏栎的下部山坡　#0311-0828（13,000 岁）

加利福尼亚州里弗赛德

08

"潘多" 颤杨

年龄

80,000 岁

地点

美国犹他州菲什湖

绰号

潘多，颤抖的巨人

中文名

颤杨

拉丁名

Populus tremuloides

"潘多"，颤杨的无性繁殖群体　#0906-4317（80,000 岁）

犹他州菲什湖

看起来是一片森林，从某种意义上说却是一棵树。

这个叫"潘多"的颤杨无性繁殖群体拥有硕大的根系，群体里有 47,000 棵树，其中的每一棵都是从这单一的根系上长出的茎，于是这个群体就成了一个占地 106 英亩的遗传上等同的巨大个体。颤杨在北美洲分布广泛，通过根出条进行自我繁殖的现象也极为常见，"潘多"只不过做得最出众罢了。

"潘多"在拉丁语中是"我扩展"的意思，人们一般认为它大概有 80,000 岁。然而，在 20 世纪 70 年代最早识别出这个无性繁殖群体的伯顿·巴恩斯（Burton Barnes）估计它的寿数可能有 700,000 岁之巨！不过，这两个数字事实上都是推测。尽管最近的分子工作比以往更准确地界定了"潘多"的界限，但我们并没有能精确界定它的年龄的可靠工具。我们只能利用像生长速率和气候数据这样的因素来做出更有把握的推测。

1992 年，科罗拉多大学的生态学和演化生物学教授迈克尔·格兰特（Michael Grant）在伯顿的工作基础上继续前进，计算了"潘多"罕有其匹的庞大生物量。最近我通过电子邮件和格兰特交流时，他如实告诉我，当年美国国家广播电台曾报道过实柄蜜柄菌，那时被说成是世界上最大的生物体。这个报道让他灵光一现，心想："不，不，世界上最'大'的生物体会有一个可爱得多的面貌。"然后他就开展研究，力荐"潘多"作为这个头衔的候选者。

这一片颤杨构成了非常复杂的系统。养分丰富、水分充足的区域会把这些资源运送到需要养分和水分的贫瘠区域；不仅如此，如果环境有变，整个群体作为一个整体还会向更优越的环境迁移——尽管速度很慢。按格兰特的说法，潘多的"巨大范围（以及很可能也极为巨大的年龄），与火和水这两个因素恰到好处的组合有关。这里要有一定的着火频率，让松柏类不能取而代之，但着火又不能太频繁，否则颤杨就不能茁壮成长；这里还要有足够的土壤湿度，满足颤杨对水分的大量需求，但湿度又不能太大，否则会（把它们）淹死。"

然而，人类的干涉已经给"潘多"造成了很大损害。道路、林中小屋和野营地都在蚕食着它的领地（或者你也可以说是"他"的领地，因为颤杨是分雌雄的树，"潘多"恰好是雄性）。更糟的是，菲什湖林务局从它的中心向外伐出了一长条空地，本意是想代替林火的作用，促进它的新生长。然而在一处砍伐点，鹿却吃光了所有的新生幼苗，于是林务局竟然又砍倒了更多的树，这回还安了围栏。不幸的是，因为这些砍伐在树林的中心进行，已经不可逆地破坏了"潘多"的原初面貌。具有讽刺意味的是，砍倒丢弃的木材最终还是免不了要被火焚尽，对那些想把它们拖走的人来说，这可是免费的柴火。

"潘多"在 2006 年引起了大众十五分钟的关注，因为美国邮政服务公司发行了一套"美国奇迹，世界之最"的邮件，其中一张就是它。（"最快的鸟"！"最大的蛙类"！"跨度最长的大桥"！"潘多"则是"最大的植物"。公道的是，长寿松也在这套邮票名录里。）然而，可能因为这个发现在世界上吸收到的注意力不足以和它的重要性相匹配，我总忍不住觉得这张邮票多少是个败笔，就像是把人们发现的地球上最伟大的活体生物之一印在了"我得到的全部东西就是这件蹩脚 T 恤"式的观光纪念品上。在我们最近的交谈中，格兰特告诉我，尽管他本人有差不多十年没再见过"潘多"，但听说有报告发现它的健康正在衰退。

人们在管理和保护这个大得惊人、古老、复杂而美丽的生物时已经犯了不少错误。"潘多"现在亟需干预，因为它当前的管理缺乏全盘考虑。我想向联合国教科文组织提名"潘多"和所有超过 2,000 岁的生物，希望它们得到承认和保护。

"潘多"，颤杨的无性繁殖群体　#0906-4711（80,000 岁）

犹他州菲什湖

供观赏和薪材之用的颤杨　#0906-5033

犹他州菲什湖

"潘多"被伐光的一部分　#0906-4717（80,000 岁）

犹他州菲什湖

09

"参议员" 池杉

年龄
3,500 岁（已死）

地点
美国佛罗里达州

绰号
参议员

中文名
池杉

拉丁名
Taxodium ascendens

"参议员"池杉炭化的遗骸　#0212-0149　2012 年 1 月 16 日死亡（3,500 岁）

佛罗里达州塞米诺尔县

"参议员"池杉炭化后的遗骸 #0907-0107（3,500 岁；佛罗里达州塞米诺尔县）已死

佛罗里达州塞米诺尔县

人们发现之时，这棵树已经着火一个多星期。2012 年 1 月 16 日，世界上最老的池杉树之一"参议员"倒下，死去，葬身烈焰。它已经 3,500 岁了。

这是我第二次访问此树。第一次是 2007 年——在那次旅行之前，我刚在非洲经历了一番危险的游历，所以那次到访未能点燃我的任何想象力。"参议员"是大树公园的主要景点。这个公园真是名副其实，从奥兰多镇中心出发，花 20 分钟走过商业街就可到达。事实上，这棵池杉是"迪斯尼元年"（如果你愿意这么说的话）之前奥兰多本地原生的景点，人们会坐着马车去参观。我和一位朋友开着她的家用车到了公园。把车停在一个整洁的停车场里之后，我们便在一条木栈道上走了四分之一英里，经过曾经是沼泽森林的树林，然后突然就到了它面前。为了纪念参议员奥佛斯特里特（M.O.Overstreet），这棵池杉在 1927 年得名"参议员"。它又高又壮，让人印象深刻，树干又很平整，没有太多树瘤。在它旁边还有一棵"自由女士"作伴，这棵树也有 2,000 岁了，看上去十分苗条，仅在树干北侧和眼睛齐平的高度有一块疙疙瘩瘩的增生。两棵树站在一起，就像一对忘年恋的爱人。不少家庭带着相机慕名而来，在树间漫步；但孩子们很快就

厌烦了，又回到公园游乐场里。

一对夫妇让我用数码相机给他们在树前拍个照，这倒不是因为我看上去有多专业，只是因为我离他们最近。然后，我拿出了自己的中幅胶卷相机，拍了几张属于我自己的照片。当我拿回冲洗的胶卷之后，我才发现没拍好。这些作品虽然有点趣味，却没有捕捉到这株与众不同的古树的灵魂。

我决定等时机合适的时候再重访"参议员"。之后五年中，我到格陵兰、智利、整个澳洲大陆和塔斯马尼亚等很多地方去寻找其他的古老生物个体。但在这五年中，尽管我去佛罗里达州看望了几次家人，却一直没再去看"参议员"。因为这太容易了。（相比之下，去看伊朗的一棵更老的地中海柏木就太困难了，或者更准确地说是太危险了。）"参议员"不是一直都在那里吗？！如果上次看它的时候它是大约 3,500 岁，那它五年后肯定就是大约 3,505 岁了。

但它没有活到这个岁数。

极端的长寿会哄骗我们产生一种永生的错觉。我们缺乏

长时段的思考，沉沦在日常现实中，以为一直存在的事物会"永远"不加改变地存在下去。然而，古老不是不死。即便你的人生拥有第二次机会，它也仍然会有期满截止的一天。就是因为太容易成行，马上前往的紧迫性不大，我始终自信十足，没有及时重访"参议员"。

2012 年 2 月 8 日，就在我将要乘船前往南极洲寻找 5,500 岁的藓类前几天，我才重返故地，见到这棵古树的残骸。在紧锁的公园大门前，我会见了塞米诺尔县自然地计划的管理人员吉姆·杜比（Jim Duby）。大火烧起之后，吉姆每天都要去现场。那时候，起火原因还没有查明，闪电击中之类的自然原因还不能不予以考虑。然而，在和吉姆交谈之后，我已经很难相信这棵树的死亡不是出于人类的蓄意行为。事故发生的前后几周里当地根本没有雷电记录，何况树上还新安了避雷针。认为它在没有外界作用下自燃起来的观点听上去更是荒谬。另一方面，这棵树在着火之前，树干里就有明显的空洞，树干底部的开口虽然曾经用混凝土填实，后来也大到足以让一个人挤起去站在里面，或是让他丢一根火柴进去就跑掉。因为树干中空，"参议员"在很久之前得以免于伐木业的斧钺之灾，但恰恰也是这个缺陷，最后让它走上死路。

那么，究竟是谁杀死了"参议员"？是一些二十岁出头的小年轻，偷偷溜入公园，爬进树洞，吸起了冰毒。为了能"看清楚毒品"，他们划了火柴或是打着了打火机。突然之间，"参议员"中空的树干就变成了耸立的烟囱和木柴的合体。

"参议员"的生命还有第二次机会。几年之前，人们从它身上剪下枝条，在苗圃里繁衍成功。2013 年 2 月，在对它的根系做了小心的稳固处理后，人们把一株 40 英尺高的树成功地移植回去，嫁接在"参议员"原先矗立的地点。它现在已经长出新叶，继续增高。有 4 位艺术家和几个机构被选中，来创作向"参议员"这个文化遗产致敬的作品。它的残桩已经成了游乐场的一部分。

塞米诺尔县还举办了一场比赛，为这株新栽植的克隆树征名。

大家选中了"凤凰"。

10

黄绿地图衣

年龄
3,000~5,000 岁

地点
格陵兰

绰号
无

中文名
黄绿地图衣

拉丁名
Rhizocarpon geographicum

无题

格陵兰伊加利库峡湾

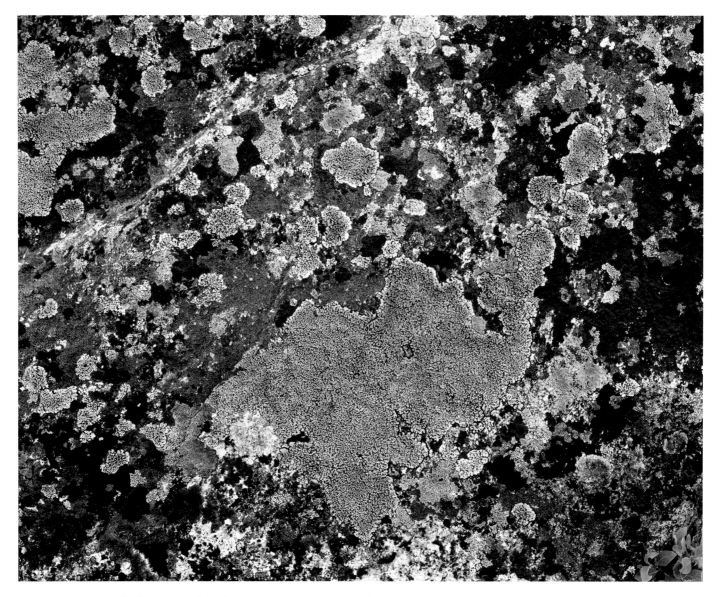

黄绿地图衣（*R. geographicum*） #0808-04A05（3,000 岁）

格陵兰南部

北欧人墓葬遗址

格陵兰伊加利库

如果你错过了从冰岛雷克雅未克飞往格陵兰纳萨尔苏瓦克的航班，就得等整整一周才能坐上下一趟航班。2008 年 8 月的一个星期四，我匆匆忙忙把我在纽约上州巴德学院美术硕士暑期班的工作室收拾干净，放弃参加期末的聚会赶回布鲁克林，把一堆新箱子塞满行李，然后就飞往冰岛。在雷克雅未克着陆后，我只有不到一个小时时间奔往另一个机场，赶上前往纳萨尔苏瓦克的转机。之后我很快又平生第一次坐上直升机，眼光完全粘在机窗上，望向占据格陵兰这块陆地大部分面积的原始景观和"内陆冰"。

2007 年夏，我前往哥本哈根拍摄西伯利亚放线菌，在哥本哈根一条运河上的咖啡馆里第一次见到了演化生物学家马丁·贝伊·赫布斯加尔德（Martin Bay Hebsgaard）。他告诉我在格陵兰有一些古老的地衣，他们认为寿命在 5,000 岁以上；他还邀请我加入他的考察队，这次他的考察队资助了一些丹麦考古学家进行"地衣测量"（测量地衣在物体表面上的生长速率）研究，这有助于确定他们对一些北欧人遗迹的年代估计是否准确。对于测定冰川的运动速度来说，地衣测量也是有用的工具。

我们对黄绿地图衣（学名 *Rhizocarpon geographicum*）的搜寻有一点不确定性。尽管我们知道它大概分布在哪个区域，却不知道精确的坐标。何况我们也没有理由相信最老的地衣已经被人类发现。在格陵兰短暂夏季的最后一刻，我们从卡科尔托克开始徒步，第一天向北，第二天向南，看冰山浮在海湾里，铅灰色的天悬在头上。藓类在地上繁茂生长，织成有弹性的毯子，让地面十分松软。五颜六色的地衣把岩石染得五彩缤纷——鹿蕊有亮红色的鼻子；成条生长的黄色地衣像刷子一样刷过岩石画布；画布上还有紫红色、红色、绿色、橙色。在离小镇较近的地方，成片生长的灰色和黑色地衣群落中间界限分明地显出姓名、日期和电话号码的字样——这是所谓"地衣涂鸦"（或者更准确地说是"地衣刮鸦"）。在尽力寻找世界上最老的地衣时，我的心情既轻松又严肃。这似乎有点荒谬，但在寻找一种以前从未被另一个活着的灵魂思考过的古老生命时，找到和找不到的可能性是对半的。

虽然地衣在分类上常被归为真菌，它其实是共生的生命混合体，由真菌和绿藻（植物的一类）或蓝菌这样的进行光合作用的合作者共同组成。地衣需要污染程度低的生境，

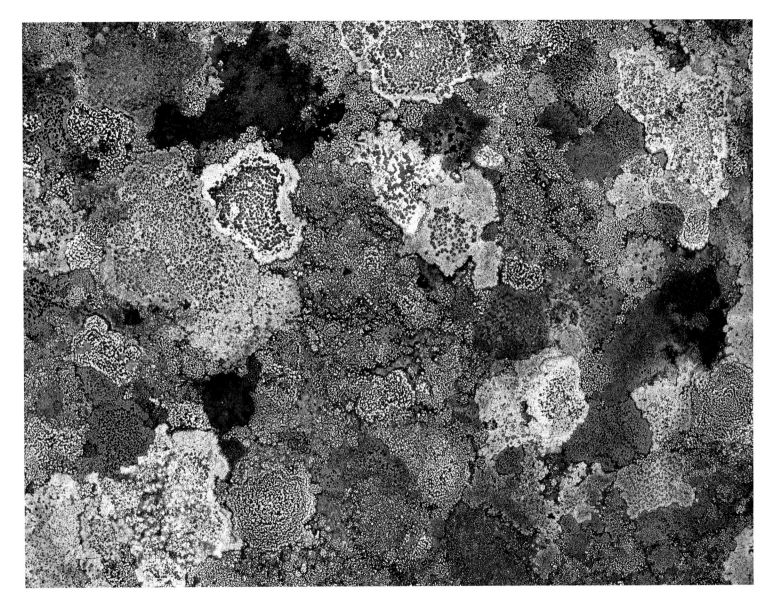

混生的黄绿地图衣和其他地衣　#0808-3383

格陵兰南部

岩石　#0808-03A01

格陵兰南部

尽管它们也能在极为险恶的逆境下繁盛生长。事实上，有一项假设微生物成功地通过流星体到达地球的实验曾经把黄绿地图衣当做实验品。实验者把它和另外两种地衣在外层空间暴露了十天，它们返回地球之后仍然活得很好，获得了"对外层空间环境具有很大抵抗力"的评价。在格陵兰，黄绿地图衣每一百年才长一厘米。连整块的大陆彼此漂离的速率都至少是这个速率的一百倍。你也可以从人类的角度想象一下——一个人花了整整一生，只长了一厘米。

我们从来没有机会宣称发现了最大的生物。我们不过在自己还活着的时段里寻找最大的标本罢了。在为时一周的格陵兰之行的后几天，我与前面提到的考古学家为伍，继续猎寻地衣，赫布斯加尔德则准备飞往新加坡，但不是直飞。我们经由卫星电话收到一条短信，说考古学家的船坏了，于是他建议我自己行动，还帮我雇了一名本地人和一艘机动船。我送他到直升机停机坪的时候，他要我确保方向无误，让我"寻找黄房子"，但在我对补给表达了些许忧虑之后他却咯咯笑了起来。我祝过他一路平安，便走向码头。

在船上望去，两岸的巉崖令人痴醉。朝着一条峡湾里面

行驶大约一小时后，我们右转，进入一道分支的小湾，看上去和别的支湾都差不多，然后船长说我们到了。

这里就是南伊加利库了。（在这个地名里，"南"是丹麦语词，"伊加利库"是格陵兰土著语词，加起来就成了由丹麦语和格陵兰语合成的"丹陵兰"混合语词。）我在岩石中攀行，穿过黏糊糊难于行走的冰川泥淖，突然看见了一件鲜橙黄色的北极地区水上安全服。因为本地人不穿这种安全服，这说明一定有非本地人来过。如果不退回到泥淖里，就必须向上抵达一条土路，而就在这条土路上，我果然见到了那座黄房子。我一直没记住名字的船主这时用磕磕巴巴的英语和我简短地说了几句道别的话。他说，如果我需要帮助的话，附近应该有个牧羊场。有一刹那我想过返回卡科尔托克，但我很快打消了这个念头。

我背起野营背包，把相机包挎在身前，然后努力向山上的黄房子爬去。房子有门，但并没有上锁。这里曾待过人，但现在不在。我想找到一些留言之类，却半个字都没见着。这时大概是下午四五点。墙角有一个破破烂烂的洋娃娃在盯着我，像是劣质恐怖片里的道具。当下的局面让我清楚地意

小屋　#0808-15B33

格陵兰卡科尔托克

识到，我现在实际上是孤身一人位处茫茫荒野之中。我无法呼叫任何人，也没有补给。我不知道要到哪里去找谁，不知道他们是否知道我来了，也不知道他们会不会回来。我把身上除相机以外的东西都放下，沿着路开始行走。

在我的人生中，我从来没有这么孤单。我可以感受到周边的寂静给我鼓膜的压力，听到心脏在胸腔里大声跳动。

在黄房子附近还有其他一些建筑物，全都年久失修，不过是程度不同罢了。有一座腐朽欲倾的小屋，上面居然还有一个标牌写着"小吃店"，就这样荒谬地立在海滨，让我在险境之中都忍俊不禁。我爬上斜坡，又看到那里居然有一个还在使用的农场。在我犹豫着登上几级陡峭的阶梯时，一只狗冲我吠叫起来。我敲了几下门，然后等人来开。我又敲了敲门，最终是一个四十多快五十的男人开了门。他瘦削而面无表情，看到一个女人孤身一人站在他荒野小屋的门口，显得非常困惑。他不会说英语，我不会说格陵兰话。我用手遮在眼睛上，眯着眼假装向远处看去，模仿着寻找的动作。他没看懂。我模仿着挖掘的动作，希望这可以让他理解成"考古学家"，他还是没看懂。我突然想到，上周在卡科尔托克，

我给这个考察队拍摄了一些数码照片，于是我一把扯下相机。他令人费解地点了点头，指了指下边的路。在他咕哝出的话里面我唯一能听出来的词似乎是"公里"。然后他就把门关上了。

为了寻找古老的地衣，我未做准备就向野外深入了太远。我不想因此就在北极的草甸上漫步至死。

我回到黄房子，拿出随身携带以防万一的正好一顿饭份量的食物，用气炉热了热。附近没有流水，但厨房里有个装水的罐子，打的大概是河水。尽管还有好几个小时天才黑，我还是点起蜡烛，把它们放在窗户上，希望能有人看见。我心神不宁，但竭力让自己平静下来，好在这里度过一晚。我让自己的目光不去和那个洋娃娃的目光接触。

过了几个小时，我还是难以入睡，这时我听到了货车的声音。一个女人和她的丈夫从下面走上门口时，我重重地呼了口气。这个小屋是他们的。我从他们口中得知，考古学家已经兵分两路，去了两个新的发掘点，一支队伍去了这个狭长海湾的另一边，另一支队伍则沿这条路向前走了几英里。

我把东西收拾回背包里，爬上他们的皮卡车，悬起的心彻底放了下来。

我们开车前往一所小小的校舍，这时天完全黑了。但是我敲门进去的时候，里面的电视还是开着的。这一半队伍由纽约城市大学的三个研究生组成，这时正在看《加勒比海盗》。他们给了我一份我急需的酒饮，看到我找到了他们，即使没有觉得意外，也都觉得挺开心。这真是件荒谬感十足的事。后来我有点恼火，因为居然没有一个人想过哪怕只给我留个言。但另一方面，我以后再也不会考虑毫无准备就孤身一人跑到荒野里闲逛的想法了。

总计起来，我走失的时间可能也就 8 个小时，但现在它每每让我想到，真正的孤独——也就是一个生物体和同类的其他所有生物体都分开——是件多么稀罕的事情啊！不过，在寻找这些地衣的过程中，我无意间就上了一课，学会了谦逊，知道失联的几个小时用内心感受起来是多么漫长，更不用说几千年了。

第二天，我就找到了此行要找的最古老的黄绿地图衣。

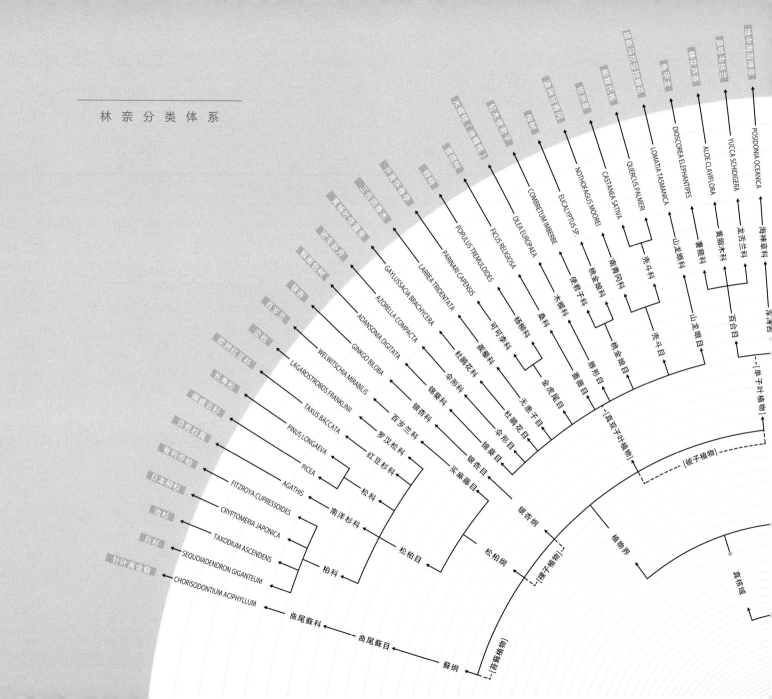

林 奈 分 类 体 系

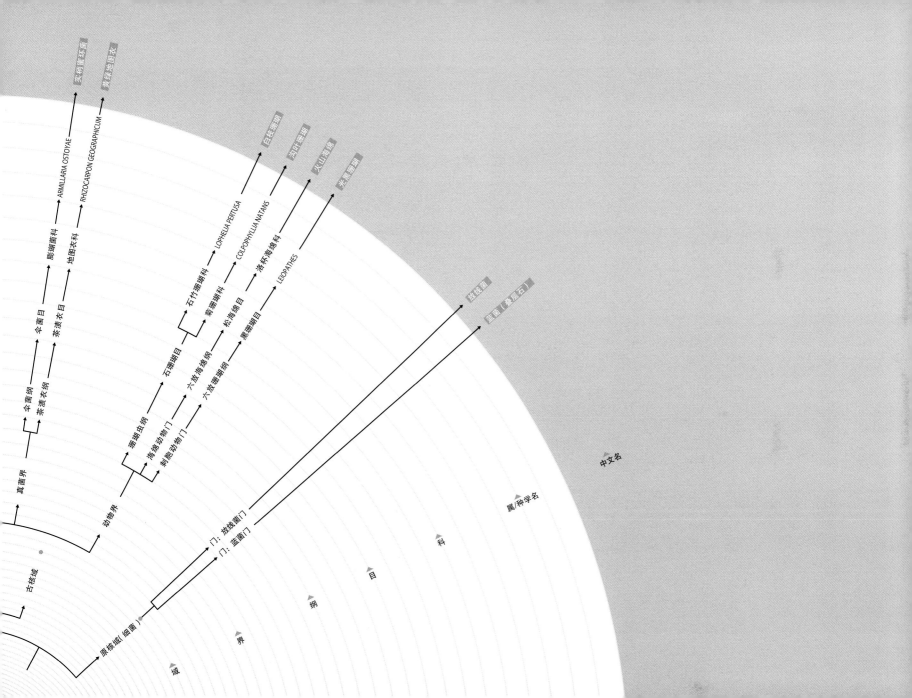

实柄蜜环菌 ← ARMILLARIA OSTOYAE ← 膨瑚菌科 ← 伞菌目 ← 伞菌纲 ← 真菌界

黄绿地图衣 ← RHIZOCARPON GEOGRAPHICUM ← 地图衣科 ← 茶渍衣目 ← 茶渍衣纲

巨枝珊瑚 ← LOPHELIA PERTUSA ← 石竹珊瑚科 ← 石珊瑚目 ← 珊瑚虫纲

宽叶珊瑚 ← COLPOPHYLLIA NATANS ← 菊珊瑚科

洛杯海绵 ← 洛杯海绵科 ← 六放海绵纲 ← 海绵动物门

光滑黑珊瑚 ← LEIOPATHES ← 黑珊瑚目 ← 六放珊瑚纲 ← 刺胞动物门

动物界

古核域

门：放线菌门
门：蓝菌门
原核域（细菌）

放线菌

蓝菌（叠层石）

域

界

纲

目

科

属/种学名

中文名

南美洲

11

密生卧芹

年龄
3,000 岁

地点
智利阿塔卡马沙漠

绰号
无

中文名
密生卧芹

拉丁名
Azorella compacta

密生卧芹　#0308-23B26（可能有 3,000 岁）

智利阿塔卡马沙漠

密生卧芹的幼体　#0308-2539

智利拉乌卡国家公园

密生卧芹群落，"亚雷塔尔"　　#0308-2519

智利阿塔卡马沙漠

濒死的密生卧芹　#0308-2B29

智利阿塔卡马沙漠

密生卧芹的家乡是阿塔卡马沙漠，地球上最干旱的地方之一。阿塔卡马沙漠部分地区被称作"绝对荒漠"（看到这个术语，我不禁联想到了物理学上"绝对他处"的思想，指的是一个点［或一个人］在时空中的相对位置；这个话题很容易让交谈变得富含哲理）。阿塔卡马地区的部分区域自有气象记录以来就没有见过一滴雨，而且也许在此之前的千百万年间都是如此。无可否认，在事物的宏大结构面前，人类保持的记录实在浅薄。然而，如果不做太多的哲学探究，荒谬感就会呈现在面前——密生卧芹是伞形科的一员，因而是欧芹、胡萝卜、芹菜、茴香等一大堆你今天完全可能已经吃过的常见芳香植物的近亲。密生卧芹生活在阿塔卡马地区的高海拔处，这里已经不是绝对荒漠了。在它生长的区域有时候会有海雾，还可能会下几滴雨。

从一位 Flickr 网友的留言中，我第一次听说了密生卧芹。这位网友我从未见过，但是他看过我发的有关即将成行的智利之行的博客文章。我很喜欢这个到绝对荒漠去寻找一种 3,000 岁的欧芹的点子。

植物学家埃利安娜·贝尔蒙特（Eliana Belmonte）在阿里卡的塔拉帕卡大学教书。她从大学借了一辆"卡米奥内塔"（皮卡车），我们便从海边开始急升，登上了阿尔蒂普拉诺高原（"阿尔蒂普拉诺"在西班牙语中就是"高原"的意思）。贝尔蒙特是我的好友冬妮亚·斯蒂德的继母的朋友。冬妮亚本来计划参加我的部分考察，但因为护照的事情搞得乱七八糟，最后未能前来。尽管如此，我在圣地亚哥还是住进了她继兄弟及其爱人的家里。他们是和蔼的房主，邀请我在旅行结束后还回来小住。贝尔蒙特主要研究一种叫皱叶龙鳞木的树，这是高原上生长的唯一的树种，但她对本地的很多植物都如数家珍。她建议我雇用经常给她开车的司机马利索尔（Marisol），可以在今后几天带我们穿过难行之地。我们便这样出发了，离开海滨，爬上极为干燥的山脉。

离开阿里卡之后，我们在第一站停下喝喝茶，吸吸氧。贝尔蒙特的几个朋友在这里运营着一个自助式沙漠旅游和教育的项目。他们的家居式旅游中心的外观看上去有点像是一个颜色鲜亮的嬉皮士大院，里面全是各种宝贝——化石、箭头、古老的陶器、天体图、一幅爱因斯坦的画像，还有乍一看像透析机的机器，其实是氧气机。我们已经到达 10,000 英尺的高度，我可以感到心脏跳得比平常更快。他们带领我做起了呼吸操：

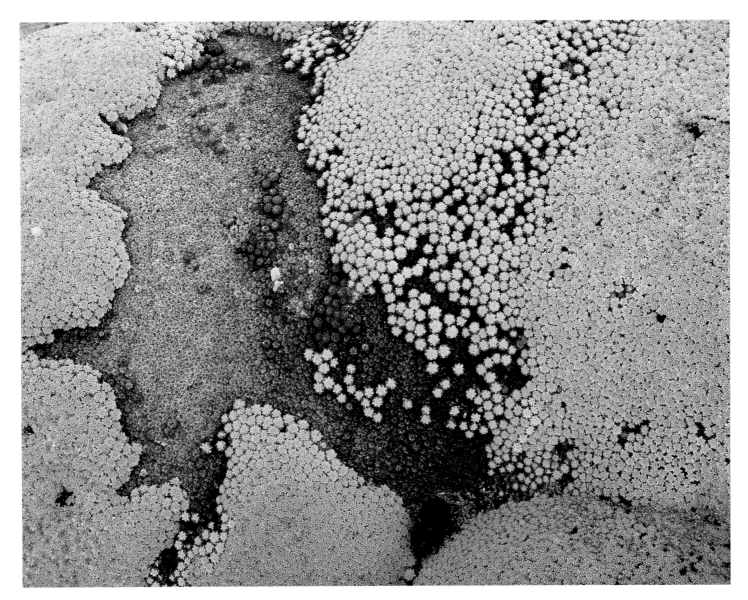

密生卧芹的叶簇　#0308-2498

智利阿塔卡马沙漠

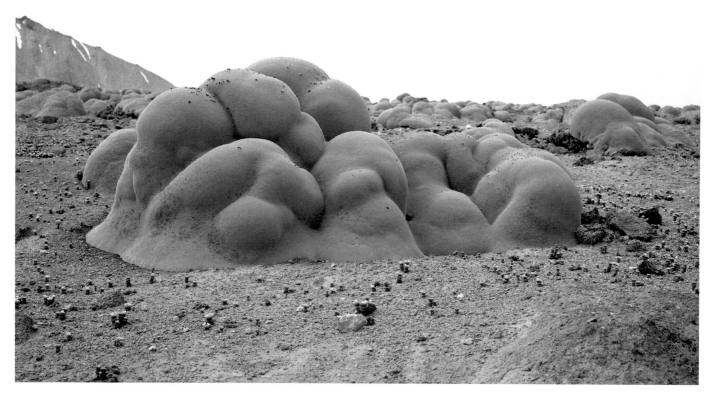

密生卧芹　#0308-2B31（2,000 岁以上）

智利阿塔卡马沙漠

拉乌卡国家公园　#0308-13B05

智利北部

1. 举起一只手，横过你的胸前，按住对侧的鼻孔。
2. 深呼吸。
3. 交换手／鼻孔，再次深呼吸。
4. 重复 10 次。

做过呼吸操之后，便可以戴上氧气面罩，用古柯叶和他们的孩子们直接从门外的植物上揪的各种嫩枝泡的茶也可以喝了。我感到身体状态好一些了。

下午我们赶到普特雷。即使在阿尔蒂普拉诺高原，这也是个海拔较高的小镇。在进一步爬山寻找密生卧芹之前，我们要先在这里适应一下。将近黄昏的阳光长长地斜照下来，我们沐浴着这阳光，在镇子周边走了走，然后到"鸽子"餐厅吃晚饭。这是一家每天的菜单上只有一道菜的餐厅，因为我不吃肉，这就造成了一点麻烦。我问他们是否可以给我做点蔬菜，他们勉强答应了。贝尔蒙特也建议他们做点面条——合起来就是蔬菜面。最后我吃到的，就是一盘煮过的意大利面。仅此而已。我把桌子上的所有调料——盐和辣椒酱——都加进面里，但对于一盘白面条，我也只能做这点可怜的处理。后来我一回到圣地亚哥，就了解到普特雷的所有生意

世界上最老最老的生命

都是"鸽子"的业主在干——餐馆，旅店兼商店，还有一家邮局……但他们的主要业务是在附近的玻利维亚边境输送毒品。难怪他们对我的晚饭一点也不上心。

第二天，我们开始搜寻能找到的最大的密生卧芹。这种像藓类一样盖在岩石上的植物实际上是灌木，由数以千计的枝条构成，微小的叶子一簇簇地在枝条末端着生。它们长得十分致密，你甚至可以站在上面。当然，我并不建议你这样做。我拍照的时候感到眩晕，因为现在海拔有 15,000 英尺。密生卧芹在春天会开出黄色花，但这时它还不到花期。因为它又干又密，所以烧起来很容易，就像泥炭一样。因为人们用它充当燃料，它的生存遭到了威胁，就连负责保护它的护林员据说也会在寒冷的夜晚烧它来取暖。密生卧芹一年只能长一厘米，所以拿它当燃料是完全不可持续的行为。

我们离开这片"亚雷塔尔"（长着很多密生卧芹的地方），去寻找生长在拉乌卡公园里的其他植株。尽管我们没有找到任何较老的个体，但爬得越高，景观就越丰富，这和下面看上去一片不毛之地的沙漠形成了鲜明对比。进入公园时，我们看到海拔在 20,000 英尺以上的山峰白雪覆顶，周边环绕着

湖泊，有火烈鸟在湖中悠游。又有相貌原始的鸟儿在湖的那边跋涉，更让眼前的场景富有中生代色彩，让人忘了它们周边的世界已经沧海桑田。不时你就能看到美得如此荒谬的东西，唯一能做的事就是大笑。

密生卧芹

12

智利乔柏

年龄

2,200 岁

地点

智利巴塔戈尼亚

绰号

千年乔柏，老爹

中文名

智利乔柏

拉丁名

Fitzroya cupressoides

"千年乔柏" 智利乔柏　#0308-4A17（2,200 岁）

智利的滨海智利乔柏国家保护区

"千年乔柏" 智利乔柏　#0308-17B37（2,200 岁）

智利的滨海智利乔柏国家保护区

一株智利乔柏的部分枝叶　#0308-16B22

智利的安第斯智利乔柏国家森林

乡村路上，一头猪

智利的滨海智利乔柏国家保护区

安第斯智利乔柏国家森林 　#0308-9B35

智利巴塔戈尼亚

想到要一个人在泛美公路上行驶，我不免心情紧张。尽管当地的熟人向我保证这条公路很安全，我还是想象了所有人的安抚最后都变成错误的场景。当然，我真正恐惧的是前方未知的状况。

不管怎样，我已经坐飞机来到了第十区（Region X）。除了忧虑之外，我倒是也喜欢这个名字的神秘感和百慕大三角一般的特质。当然，我知道这个政区名里的罗马数字已经被换掉了，新名字是描述得恰如其分的"湖区"。在阿塔卡马沙漠待了一周之后，这里的河湖让人觉得奢侈得过分，尽管我知道这边山野的灌丛大火也在缓慢燃烧。在我一再坚持之下，车行的人一脸困惑地租给我一辆自动变速的四轮驱动越野车（在我的探险途中，我学到了很多东西，但汽车操纵杆不在其中）。于是我上路了。公路刚刚铺过。天气极好。我打开收音机，便听到"小妖精"乐队的演奏。从我十几岁开始，这个乐队就是我的最爱。我一路微笑地到了瓦尔迪维亚，因为特别开心，连恐惧都被驱散了。就这样，我心情轻松地开始了旅程的下一个阶段。

我已经联系过智利南方大学杰出的智利乔柏研究专家安东尼奥·拉拉（Antonio Lara）。是国王峡谷国家公园的内特·斯蒂芬逊推动我们建立了联系。智利乔柏和北美洲的巨杉一样都是柏科植物，所以这两位研究者相互认识并不是什么巧合。（不过，情况也并非总是如此。我见过很多科学家，虽然彼此的工作有相关性，却从来没听说过对方的研究方向，更不用说彼此相识了。每次碰到这种情况，我都尽力撮合他们认识。）我到达的时候，拉拉有事没法来见我，但一位叫霍纳坦·巴利奇维奇（Jonathan Barichivich）的年轻学生当了我的得力向导。他恰好在这片森林长大；事实上，他哥哥就是滨海智利乔柏国家保护区（现在已经升为国家公园）的护林员。

在我们离公园还远的时候，铺好的路就走到了尽头。后面的土路大部分被水冲得露出了崎岖的石头，这就是我需要四轮驱动车的原因。如果女童子军有越野徽章的话，那天我肯定就赢到了，因为这里的路况需要你完全展现出货车广告里的那种猛男气概。在瓦尔迪维亚地区，采伐业早就毁掉了多数古老的森林，所以在滨海智利乔柏公园里果然见不到多少古树的壮观景象。我和巴利奇维奇兄弟在公园里徒步，一株株的大树不时映入眼帘。之后，我们经过一段弯路，开始爬下一道陡坡，然后就见到了那棵"千年乔柏"身上洒着下午的阳光。虽然它的精确年龄还不得而知，但它肯定在 2,200 岁以上；用来给它定年的树芯长度不够，没有钻破树干的整个半径长度抵达髓心，于是它最里面的年轮就没法计数了。

我们结束徒步考察返回的时候，护林员夫妇带我们到公园边上的家里一坐。我们吃到了从古式铁烤炉中拿出的还冒着热气的面包，自制的蜜饯，还有刚从院子里拾来的鸡蛋。每一样都显出简朴之美。我一直感到有一种力量，要让我和我们在食物链的位置建立更有意义的关系，知道我们所食之物的由来。我在布鲁克林也打理了一个阳台花园；不过，尽管养鸡最近在纽约市范围内刚刚获得了合法地位，我却没有养鸡的打算。

后来，我又重新去看那些智利乔柏的研究论文，才发现连看上去纯粹的事实和图表也会误导人。在我搜集的资料中，有一些外行的报道说有一棵 3,620 岁的智利乔柏，这其实是对一篇发表的论文的误解。那篇论文详细介绍了一张树轮年表，科学家编集这张年表的目的是要建立温度的变化曲线记录。这条曲线至少也汇总了来自几棵不同的树的数据，而不是单独一株 3,620 岁的个体的数据。我们很容易就能看到错误的信息如何能轻易散播——只要有人弄错一次，其他人就会重复这个错误。

在巴塔戈尼亚更南的地方还有个安第斯智利乔柏国家森林，那里有另一棵树，虽然不免被伤，好在没有死于非命。按照我从公园小屋请的向导的说法，伐木者的锯子已经锯到了它的树干，但他们发现这棵树的心是空的，就放弃了这次作业，让它继续挺立下去。实在不值得费劲锯倒一棵不材之木。

身体上的缺陷，最后恰恰成了拯救这个生命的关键，这样的事情已经发生不止一次了。

13

沟叶珊瑚

年龄
2,000 岁

地点
多巴哥岛斯贝塞德

绰号
无

中文名
沟叶珊瑚

拉丁名
Colpophyllia natans

沟叶珊瑚　#0210-4540（2,000 岁）

多巴哥岛斯贝塞德

沟叶珊瑚礁冠　#0210-4805（2,000 岁）

多巴哥岛斯贝塞德

珊瑚分布点附近的海草　#0210-4939

多巴哥岛斯贝塞德

我曾在伦敦阴暗冬天的一个晚上参加林奈学会的鸡尾酒会，在那里和一位生物学家聊天。我们很快聊到古老的生物，他回想起以前全家去特立尼达和多巴哥度假时，曾经见过一片据说有 2,000 岁的沟叶珊瑚。珊瑚！珊瑚可是动物。这真是激动人心的一刻，因为我从来没想到自己的计划中会有动物。以前我只知道，最老的陆龟只活到 188 岁；最老的鲸可能有 200 岁；还有一个 507 岁北极蛤的悲惨故事：它本来生于北大西洋，却死于实验室——而且是在科学家想要确定它的年龄的时候。还有所谓"不死"的水母，即使已经完全成年，仍然可以返回到幼年的水螅型形态。我们在水母身上寄予厚望，希冀它们可以帮人类解开长生的奥秘，但我们却没有理由认为任何野生的水母个体可以真的活这么久。它们周围的捕食者实在太多了。

沟叶珊瑚也叫"脑珊瑚"，是我碰到的超过 2,000 岁界限的第一个动物界的成员。

要去找它们意味着我不得不先学会水肺潜水，这就要求你能克服面对深水时的恐惧感，以及身处海洋的广袤和危险中时的不适感。后来，在另一个阴暗冬天的晚上，我便游在曼哈顿中心的一个游泳池里了，池水冷得让我牙关直颤。（在进城的地铁列车上，我碰见了参加"不穿裤子搭地铁"活动的人群，但这可远没有让我觉得浑身不适。）我在医疗豁免单上签了名，表明我完全健康，但我有一段时间因为脊柱下部椎间盘突出，身体相当疼痛。到了开始举起并随身携带笨重的氧气瓶的时候，我的妹妹丽莎（参加这个培训班是我那时的男朋友 R 先生送给我们的礼物）暗中帮了我一把，就像一对学童在考试中偷偷交流答案一样。

一个月之后，我到了多巴哥岛最东端的一处有天然屏障的美丽海滩，一边考开放水域潜水证，一边学习水下摄影，尽力捕捉新拍摄对象的身影。我还要尽力处理我和 R 先生之间发生的一切事情。尽管我们多年前就开始约会，这次却是他第一次参加我的野外考察，而我们来的并不是个好地方。我们到了海滩汽车旅馆，在一张已经陈旧的床上找到了我们的名字，是用花瓣拼出来的。最后我睡一张床，他睡另一张。

沟叶珊瑚　#0210-4501（2,000 岁）

多巴哥岛斯贝塞德

但是我还是投入全身心开始工作。嗯，先是戴着脚蹼在岸边笨拙地蹒跚行走，后来就在潜水点，又让摩托艇向后翻倒了。潜水教练让我在第一次下潜到深水的时候要把眼睛睁得和碟子一样大。我几乎全程都紧靠着教练的一侧不敢离开，才知道这样的劝告一点也不奇怪。不过，当我真的开始打量水下世界时，我终于放松了一些。我们最后前往沟叶珊瑚，它让我屏住了呼吸。这个已知最老最大的沟叶珊瑚个体位于大约 60 英尺深处，有 80 英尺宽。它看起来像是旧科幻电影中的造物，又像是饱经风霜的古老月球或流星。

珊瑚虫没有脊梁骨（这不是委婉语，它们确实是无脊椎动物），而是从海水中提取碳酸钙构建自己的外骨骼。就沟叶珊瑚而言，遗传上等同的所有水螅型个体齐心协力工作，就形成了整个群体的拱形脑状形态。每个个体各有一套触手，环绕在躯体上唯一的开口周边，这个开口既是口，又是肛门。（换句话说，它们吃饭的地方就是拉屎的地方。）不仅如此，沟叶珊瑚在晚上还会伸出能蜇人的触手，捕捉过路的猎物，更给这种科幻般的生物平添一分神秘感。

不过，我也绝对没有尝试夜潜的打算。

随着一次又一次下潜，我感觉越来越自在，但潜水条件也以程度相当、方向相反的力度不断恶化。天气越来越狂暴；虽然这在水下本来无关紧要，问题是此刻刚好又赶上天文大潮卷来淤泥，严重妨害了能见度。到我已经变得对潜水充满自信时，能见度已经降到了基本看不见东西的程度。

后来几年间，我知道还有两种珊瑚要比这种沟叶珊瑚老得多。一种分布在北冰洋挪威陆架上，生活在深而极冷的海水中，已经有 6,000 岁了。它和沟叶珊瑚同纲同目，但在科级水平上分道扬镳。另一种光黑珊瑚则和它们没有直接亲缘关系，它栖息在夏威夷群岛附近更为深邃的海水中，生命的时钟已经走了差不多 4,270 个年头。要观看这两种珊瑚，最好是坐一艘潜艇，或者操纵一台遥控潜水器（ROV）。此外还有一种更老的动物，有时称为"桶状海绵"或"火山海绵"，它最古老的群体据说已经有差不多 15,000 岁了。发现火山海绵的地点是南极洲麦克默多冰架下方，是用专门为冰下航行建造的 ROV 发现的。所有这些都是近几年的新发现。我不禁想到，在做科学发现时，这种在一车干草中找针式的运气仍然起着重要作用，特别是当你真的在"海底捞针"的时候。

世界上最老最老的生命

近几年来，斯贝塞德沟叶珊瑚遭到了一群觅食的鹦嘴鱼的攻击，这给它造成了一些破坏。但这群鱼在彻底杀掉它之前便丧失了继续觅食的兴趣。同样，2010 年发生的"深水地平线"钻井平台原油泄漏事故也远远没有对它造成直接影响，但这只是运气好罢了。2013 年，在邻近的特立尼达岛又发生了几起离它极近的原油泄漏事故。运气虽然是个好东西，却不是长期生存的好策略。

就在我最近一次潜水时，有什么东西蜇了我的膝盖。在水下时我没怎么留意，但出水之后却觉得皮肤生疼。回到布鲁克林家中以后，被蜇的地方起了发炎的红色肿块，我的膝盖和脸上也都有明显的肿胀。我不得不去看医生。服药之后，炎症消退，但膝盖的病情反而加重了。看来我很可能是被多孔螅（火珊瑚）蜇了，而且它现在就嵌在我的皮下，在那里惬意地生活了好几个月。毋庸置疑，这真是有趣的演化策略：如果你或海兽敢于蹭它的话——它就会和你在一起。

欧 洲

14

"福廷格尔"欧洲红豆杉

年龄

2,000~5,000 岁

地点

苏格兰福廷格尔

绰号

"福廷格尔"欧洲红豆杉

中文名

欧洲红豆杉

拉丁名

Taxus baccata

"红豆杉"标牌 #0707-10332（2,000~5,000 岁）

苏格兰珀斯郡

"福廷格尔" 欧洲红豆杉　#0707-09919（2,000~5,000 岁）

苏格兰珀斯郡

在英国的教堂庭园中，古老的欧洲红豆杉树远非罕见。事实上，这样的老树多达 500 棵，全都比旁边的建筑物还要老。换句话说，先有了欧洲红豆杉，然后才有教堂。人们对此有很多理论，让欧洲红豆杉的象征意义涵盖了从黑暗预言到永垂不朽的广大范围，其间有各式各样的实践上和神话上的解释。当然，欧洲红豆杉很可能在原始宗教中具有某种特殊地位，它的意象在后世又重新指定到了基督宗教之上。苏格兰的"福廷格尔"欧洲红豆杉和威尔士的"朗格尔诺"欧洲红豆杉都无可争议地超过了 2,000 岁的界限，完全诞生于基督宗教出现之前。

相对来说，"福廷格尔"欧洲红豆杉的年龄估计值有更大的误差范围，人们认为它在 2,000 岁到 5,000 岁之间。它早就分裂成了许多形态各异的较小的茎，中心主干则已经不存，无法钻取树芯样品。（"朗格尔诺"也是如此。）据说它原先完好的树干里有个树洞，曾有一些年轻人在树洞里点起篝火，加速了它的毁坏。早在 19 世纪 30 年代，据说就有不少人从树上摘取纪念物；为了保护它，人们不得不建起一道厚厚的石墙。

我到达爱丁堡的时候，已经有六七个星期都在路上了，现在是刚从南非回到北半球不久。我向北驶离这座城市，在阿伯费尔迪一户人家订了一间空闲的卧室。阿伯费尔迪小镇只比福廷格尔略大，以"帝王"蒸馏坊著称。虽然这里风景迷人，但我一路舟车劳顿，已经疲惫至极。我很幸运，赶上了一个无雨的下午可用来摄影，但到傍晚就下起雨来，电也停了。于是那天晚上我没有蜷缩在房间里，而是和房东坐在厨房桌子边上，手拿一杯本地苏格兰威士忌（虽然我更偏爱带泥炭味的艾雷岛威士忌；它们能让我想到我要拍摄的东西），就着烛光谈天说地。他们聊起隔壁的房子原来归 J.K. 罗琳所有，这里冬天的白昼短得只有 7 个小时。男主人参加了自行车骑行队，下午三四点的时候就会戴上头灯外出骑行，借此对抗冬天那让人郁闷的黑暗。我等着看他们会讲起欧洲红豆杉的什么样的传奇故事。

对"朗格尔诺"欧洲红豆杉来说，有个威尔士传说是这样的：教堂庭园一年里会有两次被"记录天使"光顾，这是一种灵魂，或者说是脱离了肉体的人声，会把教区里这一年来将要离世的人的名字都呼唤一遍。有一个人不相信记录天

115

"福廷格尔"欧洲红豆杉

砍伐一空的山坡

苏格兰福廷格尔

使的存在，跑到教堂来想证明所有人都是错的，不料却听到
记录天使呼唤了他的名字——果然，这一年他就死了。

当地人常说的故事就是这样的。

"福廷格尔"欧洲红豆杉

15

"百骑" 欧洲栗

年龄

3,000 岁

地点

西西里岛圣阿尔菲奥

绰号

"百骑" 欧洲栗

中文名

欧洲栗

拉丁名

Castanea sativa

"百骑"欧洲栗与新熔岩　#0412-1031（3,000 岁）

西西里岛圣阿尔菲奥

传说阿拉贡女王（阿拉贡是中世纪西班牙的一个王国，但也统治西西里岛）在前往埃特纳山的路上遇到了一场凶猛的雷阵雨。她和她的一百位骑士——很可能还有他们的马——便都躲在一棵欧洲栗树的宽大树冠下。尽管在雷暴发生的时候站在树下是很糟糕的主意（当然，公允地说，这件事发生在 1035 年和 1715 年间的某个时候，而直到 1752 年，本·富兰克林才做了他那个在下雷阵雨时把一把钥匙绑在风筝上让它上天的著名实验），但这就是这棵"百骑"欧洲栗（意大利语叫 Castagno dei Cento Cavalli）名字的来历。

2010 年 9 月，我第一次访问"百骑"。地中海的盛夏还没有过劲，正处在巅峰期，那棵欧洲栗也不例外。它的半球形树冠满是繁茂的树叶，又结实累累，几乎看不到长着这些树叶的枝条。因为树干裂成了向不同方向生长的几根，这棵树没有主茎，也就没法通过树轮年代学的计数获取一个精确的年龄，这就让它的定年变得颇为麻烦。在我见过的说法里，从 2,000 岁到 4,000 岁的数字都有，但正确的岁数很可能居于其中。有几份文献引证了卡塔尼亚大学进行的研究，把它定为 3,000 岁，不过我没能找到原始研究。我给它拍了一些照片，但在离开的时候一直在想，虽然这葱郁的枝叶能

给人深刻印象，但真正说明它何以能活 3,000 年之久的，却是在这壮观树冠之下向四面分叉伸展的树干结构。两年之后，我便在料峭春寒中重返此地。

我在晚上开车进入圣阿尔菲奥。因为这是我第二次来访，我比第一次稍微适应了在西西里岛开车时遇到的混乱局面。上一次来时，摩托车从四面八方呼啸而过；行人只要觉得合适，可以随时随地穿越卡塔尼亚的街道；汽车朝着努力想去的地方左钻右窜、横冲直撞。大概每五条街才会有一个信号灯。我看到骑轻型摩托车的人安之若素地超越一辆又一辆汽车，甚至越过黄线突入对面车道；突然他旁边又出现了一位开着机动轮椅车的老妇人，而这时一辆公交车正迎面朝他们疾驶而来。在如此繁忙而狭窄的两车道街道上行驶，我笑出了很大的声音。好在我不是一个容易紧张的司机。2012 年我就做了更好的准备，开了一辆小得令人安慰的 Smart 车，曲曲折折爬上狭窄陡峭的之字形坡道，碰到一条没有标记的单行道——于是只好放弃这条路。当我安全地到达最喜欢的那家农家乐（这里有几幢古老的石筑建筑和一座从前是修道院、现在还在经营的农场），雷阵雨就骤然而至，冰雹倾泻而下，打出响亮而短促的节奏，与李园里看院狗的吠声织成一片。

世界上最老最老的生命

"百骑"欧洲栗 #0412-0512（3,000 岁）

西西里岛圣阿尔菲奥

"百骑"欧洲栗 #0412-0424（3,000 岁）

西西里岛圣阿尔菲奥

"百骑"欧洲栗 #0412-0548（3,000 岁）

西西里岛圣阿尔菲奥

第二天早上，地上便盖了一层滚圆的冰球，在上一周刚从埃特纳火山涌出的粗糙未经雕饰的熔岩上呈现出一片亮白。（我很遗憾错过了这次喷发。）

我到达那棵栗树的时候，冰雹已经融化。在薄雾中我能看到栗树枝头有些嫩叶在晚上被打掉了。看见这株巨树光秃的枝条刚刚绽出新绿，身影如此美丽，我热泪盈眶，悬着的心也放了下来，不用担心无功而返。人们对这棵树返青时间的估计各不相同，让我无所适从；而我来意大利之前正在德国南部小城巴登巴登，发现那里的欧洲栗树叶已经完全长出，这让我颇为紧张，怀疑我已经错过了最佳时刻。然而，我忘了把海拔因素考虑进来。高海拔会推迟春天的脚步。

天气须臾即变，云席卷而来，又翻滚而去。我考察了"百骑"的周边和邻近的榛园。那天晚些时候，我又回到树下与阿尔菲奥（Alfio）会面。他是圣阿尔菲奥镇上负责看管这棵树的人，2010年我来拍摄时，他好心地在我头上打起一把伞。和这棵树厮守了这么多年，阿尔菲奥觉得它凹凹凸凸的树干就像浮云的形状，在上面可以找到各式各样的脸孔和动物形象，但正如他敏锐指出的，这些形象并不会须臾改变。年年

岁岁云相似，岁岁年年雨不同，我这次来就比两年前见到了多得多的降水。我看到粗大的树干裂片和新的萌蘖都在茁壮生长，在地面之下一定有个庞大的根系，把它们联结在一起。我看到了崎岖树干的细节，苔藓覆盖的树皮旋涡。我还在一根树干上看到很深的一层木炭，是上次没有发现的。

"它着过火？"我问。

"对。"阿尔菲奥说。

据说，是几个天才忽发奇想，想在树里面烧香肠，结果差点把它烧毁。

自那以后，就树立了围栏。

"百骑" 欧洲栗　#0412-1226（3,000 岁）

西西里岛圣阿尔菲奥

16

地中海海神草

年龄
100,000 岁

地点
西班牙巴利阿里群岛

绰号
无

中文名
地中海海神草

拉丁名
Posidonia oceanica

地中海海神草与潜艇　#0910-0775（100,000 岁）

西班牙巴利阿里群岛

地中海海神草　#0910-0753（100,000 岁）

西班牙巴利阿里群岛

地中海海神草　#0910-0083（100,000 岁）

西班牙巴利阿里群岛

伊维萨岛的名声远远在外。它的夜总会、盛会和音乐节从全世界引来了醉醺醺的人群。然而，一般人很少知道，这颗行星上最为古老的生命之一就生活在伊维萨岛和福门特拉岛之间的海峡里。这里的地中海海神草"草甸"已经有100,000 岁了，它刚扎根的时候，我们最早的祖先中有一群人正在制作已知最早的"美术工作室"（也就是用于调制颜料的工具和矿物），这是 2011 年在南非发现的遗迹。

我在伊维萨的一个旅游景点和一篇本地报纸的文章上偶然知道了地中海海神草。这两处介绍都没有提供可信的资料来源，只在那篇文章里有一幅撩人的照片，上面是一团死草和种荚，看上去像世界上最大的头发团。那个时候，还没有一篇经过同行评议的期刊论文发表，但传说偶尔也会成真——几年之后，我就看到了一篇有关这片海草的科学论文，里面提到了进行这项长时段研究的海洋生物学家的姓名和工作单位，然后我就和他们取得了联系。

这支研究队伍已经花了十多年研究在巴利阿里群岛岛屿之间蔓延的这片地中海海神草"草甸"。在古稀的年龄被测定出来很久之前，它就获得了联合国教科文组织授予的自然

世界上最老最老的生命

遗产地位，因为这片"大洋生的地中海海神草（*Posidonia*）的稠密草原，是仅见于地中海盆地的重要本地种，包含并支持了多样的海洋生物"。每年，努丽娅·马尔巴（Núria Marbà）和她的同事都会回到这片"草甸"选定的样地，仔细给草茎计数，确定地中海海神草的健康状况和生长速率。回到实验室后，她们获得了意想不到的发现——对彼此相距极远的样方所采的样品做出的遗传结构测试表明，它们在遗传上其实完全相同；换句话说，它们是同一个个体。就像很多了不起的发现一样，研究者一开始并没有想到这片草地会是单一的古老个体，但一旦这种可能性浮现出来，她们就会着手去证明。

我先到西西里岛去看"百骑"欧洲栗，然后才到伊维萨岛。R 先生已经到了，我们在一条窄街上见了面。这条街下通港口，我们在那里吃了夜宵，喝了一杯葡萄酒。沟叶珊瑚之行结束之后，我们分开了一段时间，但现在还是想试着再挽救一次。第二天早晨，我们乘渡轮到了福门特拉岛，在那里见了马尔巴和考察队的其他成员。

地中海海神草的果实　#0910-12B23

西班牙巴利阿里群岛

入侵到地中海海神草"草甸"中的藻类　#0910-0938

西班牙巴利阿里群岛

显而易见，她们的野外工作要在水下进行，而这也是我第二次尝试潜水（第一次是在多巴哥岛找沟叶珊瑚）。R 先生的潜水时间要比我多一周，这是他在之前一次去墨西哥的旅行中完成的。我们都有开放水域潜水证，但"多练一周"听上去要比它本来的意味更给人一种高级的感觉。马尔巴和她的同事随口提醒我们，当她们工作的时候，我们要努力让自己别在水下走丢。闻听此言，我们虽然有点紧张，但还是哈哈大笑。这真是个好主意。

地中海海神草如此美丽，疏疏密密地从身下向四面八方铺展，直至目力不能及处。生物学家们到她们各自的样地去工作，样方在 60 英尺深处，她们在那里一边细心数着新芽的个数，一边在水下白板上做记录，白板用绳连在潜水气罐上。R 先生和我没有走丢，但我的相机却是故障连连。在这样的深度，我的数码相机的潜水盒先是不能正常反应，然后我调节白平衡时又遇到了麻烦。幸运的是，阳光的色谱里还是有足够的部分能够穿越浅水区。我刚在纽约买的 35 毫米胶卷尼康诺斯相机则在这次旅行之前就完全坏掉了。

尽管有联合国教科文组织的保护，但这些岛屿间的水道仍然向船舶放行，是繁忙的航线。附在大型游轮的舵上从国外港口偷渡而来的入侵藻类和其他生物现在也威胁着这里的生态系统。在潜入了几个维持着原貌的考察点之后，马尔巴带我们到了另一个考察点，在福门特拉岛海滩外不远。在那里可以看见，藻类长成了污浊的黄色毛丛，黯淡地盖在地中海海神草上，就像一层苍褐色的绒毛。藻类就这样反复侵入健康的草地，而我们也不难想象，最终这一带会被它们全部占领，形成反乌托邦式的景象。

这一天的潜水结束了，我被那些冲上海岸、如山堆积的地中海海神草的果荚深深吸引。在这些数以百万计的果荚——以及十万年历史——的旁边，是到海滩来游玩的人，我把他们都打量了一番。他们全然不觉，自己此刻就身处一种如此不可思议的生物面前，而且和它有关联。

17

油橄榄

年龄
3,000 岁

地点
希腊克里特岛阿诺武维斯

绰号
无

中文名
木樨榄（油橄榄）

拉丁名
Olea europaea

掉落的油橄榄　#0910-0335（3,000 岁）

克里特岛阿诺武维斯

油橄榄树　#0910-4A04（3,000 岁）

克里特岛阿诺武维斯

在克里特这个狭长岛屿的最西端，有一棵在希腊黑暗时代萌芽的油橄榄树至今尚存。后来，它也多少成了我的黑暗年代的象征。尽管地中海的天空澄明无瑕，风暴云却在加重，终于笼罩在我和男朋友周围。我们离开伊维萨岛，前往阿诺武维斯，到达离那棵古老的油橄榄树不到一英里的一家家庭客栈。这是间迷人的客栈，但我们之间的事情却越搞越糟。第二天早上，我带上一些胶卷、相机、三角架和饮用水，沿着两边都是果园的乡间窄路踽踽独行，泪水流下，划过双颊。

绕过一个弯，小路汇入一条异常宽阔的机动车道，上面有很多旅游大客车，像是一片观光的河流三角洲。一道形状像奥林匹克标志的篱墙在草坪上面骄傲地生长着，一座小而陈设考究的博物馆坐落在左侧。树的右边有一座露天咖啡馆。我打起精神，和坐在咖啡馆里的太太们打招呼，却忘了希腊语该怎么说。*Buenos dias*（西班牙语），不对。*Buongiorno*（意大利语），不对。*Καλημέρα*（希腊语：日安！）。

这棵油橄榄树是克里特岛引以为傲的财富，是古希腊文化的见证。这个古代文化极为重要，它被视为现代西方文明的基石。不仅如此，这棵树还把阿诺武维斯这个冷清的小镇和整个世界联系在一起。每隔四年，人们就会在这棵树上拣选枝条，制成奥林匹克运动会庆典上佩戴的桂冠；难怪这里的绿篱也是五环的样子。第一届奥运会据信于公元前776年在古希腊举办。这棵树已经全然中空，所以想要钻取树芯确定它的年龄的做法注定无功而返。不过，如果这棵树果然有3,000岁的话，当第一支奥运会火炬被点亮的时候，它可能已经有200岁了。无论奥运会运动员还是这棵树本身，当然都有忍耐的天赋，只是时间尺度不同罢了。

尽管这棵油橄榄树如此尊贵，但是它可能要感谢一些鸡，让它能够挺立到今天。其他长到这么大年纪的油橄榄树都被砍掉了，但是它却被委派以一个不怎么光彩的工作，就是充当鸡笼。就像智利乔柏和"参议员"树一样，恰恰是中空的缺陷挽救了它的生命。而且，这棵树更像我几个星期前刚刚在西西里岛拜访的那棵老欧洲栗树，上面挂满了果，这便挑战了我们把年龄当成生育力衰退的明确标志的观念。（我带了几个油橄榄果回家，把它放在装满土的烤盘里，但没能成功地让它发芽。尽管如此，我想这是因为我缺乏经验，或是条件不合适。）

油橄榄树枝条　#0910-13B26（3,000 岁）

克里特岛阿诺武维斯

日落中的油橄榄树　#0910-4A06（3,000 岁）

克里特岛阿诺武维斯

在以色列、巴勒斯坦和葡萄牙，也有声称"最古老"的油橄榄树，既说明这种树缺乏可靠的测量，无法给出明明白白的结论，也说明地方上的荣誉感很容易导致口头上的夸大。

我边环树而行，边打量它；我站在旁边楼房的阳台上从较高的角度观看它；我还扭着身子钻进树洞，边钻边拍照。我可以尽全力去拍摄这棵古树的美照，但站在它前面，我的思绪却在别处，满是情绪的负担。那天下午我返回客栈，和R先生待在一起，晚上我又出去，寻找合适的光线。我拍了更多的照片，然后我们和那些从早晨起就没动过地方的太太们聊天。一位说曾经养在树里的是狗，不是鸡；又有一位说这棵树应该是 5,000 岁，不是 3,000 岁。我们在游客留言簿上签了名便离开了。

如今我已经不记得，第二天早上动身前往克里特岛其他地方前，我们是否又造访了那棵树。那天我和R先生开车经过了很多陡峭多风的山路，油橄榄园到处都是，叶子在太阳下闪着银光。站在一面山坡的顶点，俯瞰着一片熠熠生辉的蓝色海洋，我们之间深深的不和让我情不自禁在道边啜泣。最后我明白，经过动荡不定的六年，我和R先生不可能再在一起了，这个结局就像此刻的天空一样明朗。我悲痛欲绝，却下定了决心。

尽管所有这些生命都让我们与深时间建立了关联，但我们仍然和我们的知觉、思想和情绪密切相连（而且由它们构成），相比之下，这些都是多么短暂的一瞬。当一棵树遭受了伤害，不管是伤在枝上、树干上还是根部，都是有了伤口。每隔四年，阿诺武维斯油橄榄树的幼枝就会被剪下，奖赏给我们之中最健壮的人。对一棵树来说，愈合伤口最有效的方式，就是把它划割出来，封闭紧实，于是再没有什么能侵害其中。对人类来说，这可能不是最佳策略。但有一件事是共通的：只要伤口不深，我们便可痊愈，我们也终将痊愈。

18

挪威云杉

年龄
9,550 岁

地点
瑞典达拉纳省

绰号
老西科

中文名
挪威云杉

拉丁名
Picea sp.

挪威云杉 #0909-11A07（9,550 岁）

瑞典达拉纳省

在瑞典进行一场横贯全国的旅行只需要大约 6 个小时，但这完全是另一个故事了。我要找的树则生长在这个国家的西南边陲，在一个多山的国家公园中。这个国家公园在北极圈以南几百英里处，边界也进入挪威境内。我最小的妹妹丽莎参加了我的考察。（她一直没有拿到水肺潜水许可证，但是她徒步的水平和兴致都很高——比如乌普萨拉一家宾馆建议把香肠拿到桑拿房里吃，就连这样小的文化特色都让我们两人一起开心不已——而这两项对我们此行都有助益。）现在是九月，天气好极了。

我们抵达达拉纳省时天色已晚。第二天早晨我们带上水和午饭，两人再各带一部分摄影器械，就向着富卢弗耶莱特山出发了。尽管天气绝佳，游客却不多；有些人去了极为吸引人的自然中心。这栋建筑像一只鸭子一样隐蔽在自然中，从一个方向完全看不到；自地板直达天花板的玻璃窗在较远的一端面对的是保护完好的草甸。其他游客则步行前往观赏风景优美的瀑布。我们走到公园更深处，看到了色彩缤纷的藓类和地衣，还有在秋天的爽气中展着黄叶的各种灌木，我曾在格陵兰找过的黄绿地图衣也在它们中间出现了。在格陵兰的时候，我历经艰辛才找到它们；现在看到它们长得如此

之大，随意攀附在路边岩石上，简直让人觉得好笑。不过这也是有道理的：瑞典比较温暖，所以它们的生长速率要快得多。尽管它们比格陵兰的同胞长得大，却更年轻。

轻松的林间漫步变成了更为陡峭暴露的攀登。随着我们努力沿山路向上朝挪威云杉的方向行走，天气越来越冷，风也越来越大。如果你事先没有专门的知识就想邂逅这棵特别的云杉的话，你会发现找到它的机会异乎寻常地小。事实上，即使我和丽莎已经到了它所在的高原上，我们还是根本找不到它。出于保护的目的，它的精确位置对公众保密，但就算发现它的莱夫·库尔曼（Leif Kullman）给我们指点了方位，我们最后还是只能走回到自然中心求人带路。

后来我才知道，我们第一次上山寻找时已经离它很近了，却没有认出它的标志特征。云翻滚而来，又席卷而去，在拍照的间隙，我把双手插在衣服口袋里，免得冻僵。

富卢弗耶莱特自然中心　#0909-9A05

瑞典达拉纳省

富卢弗耶莱特国家公园　#0909-8B26

瑞典达拉纳省

人们用放射性碳定年法确定了这棵树的年龄。在斯堪的纳维亚半岛上还有另外大约 20 棵云杉也是这样测年龄的，它们的分布范围的长度超过 700 英里，从瑞典的山区直达芬兰境内，年龄都超过了 8,000 岁。库尔曼在电子邮件中告诉我，几乎所有这些古老云杉都呈现了和"老西科"一模一样的生长特征，他将其描述为"基部有密密的一圈枝条，向上到达雪面。在这个平面之上只有一或几枚直立的茎，高 2~4 米"。

正如库尔曼的描述所示，这些云杉树体的大部分是灌木状的无性繁殖的枝条，只在中间有一根瘦高的树干，这种形态本质上是气候变化的生动写照。在"老西科"生命的前 9,500 年间，你大概只能见到低伏于地的分枝。它的策略是：如果有一根树干或枝条死于严酷的冬天，那它总是会再长出一根。比起只依赖单一的树干生存的策略来，这个策略的胜算要大得多。但是在 20 世纪 40 年代后期，情况发生了变化。山顶高原开始变暖，导致植被带向上移动。于是，这些云杉现在不再只在雪线附近贴地生长，而是有了大约 16 英尺高的瘦长主干。尽管研究树木个体很重要，但库尔曼和他的学生也用更宏大的视角去调查"高山树线位置和结构的变化，作为具有重要生态学意义的气候变化的指示和'早期预警'"。

为什么这棵树叫"老西科"呢？原来它是库尔曼命的名，用来纪念他的爱犬。如果用狗的年龄来衡量的话，我想这棵云杉该有 69,650 岁了。

挪威云杉　#0909-7A01（9,550 岁）

瑞典达拉纳省

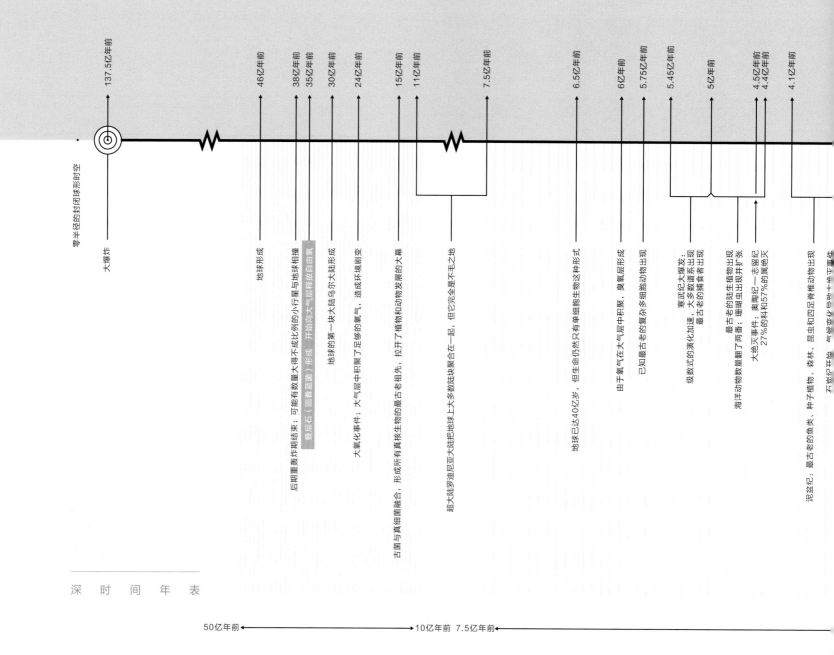

零半径的封闭形时空

大爆炸

137.5亿年前

46亿年前
地球形成

38亿年前
后期重轰炸期结束：可能有数量大得不成比例的小行星与地球相撞

35亿年前
叠层石（固着蓝菌）形成 开始向大气释放自由氧

30亿年前
地球的第一块大陆乌尔大陆形成

24亿年前
大氧化事件：大气层中积聚了足够的氧气，造成环境剧变

15亿年前
古菌与真细菌融合，形成有真核生物的最古老祖先，拉开了植物和动物发展的大幕

11亿年前
超大陆罗迪尼亚大陆把地球上大多数陆地聚合在一起，但它完全是不毛之地

7.5亿年前

6.5亿年前
地球已达40亿岁，但生命仍然只有单细胞生物这种形式

6亿年前
由于氧气在大气层中积聚，臭氧层形成

5.75亿年前
已知最古老的复杂多细胞动物出现

5.45亿年前
寒武纪大爆发：
级数式的演化加速，大多数谱系出现
最古老的捕食者出现

5亿年前
最古老的陆生植物出现
海洋动物数量翻了两番：珊瑚出现并扩张

4.5亿年前
大绝灭事件：奥陶纪－志留纪
27%的科和57%的属绝灭

4.4亿年前

4.1亿年前
泥盆纪：最古老的鱼类、种子植物、森林、昆虫和四足脊椎动物出现
石炭纪煤化石形成与第二次绝灭事件

深 时 间 年 表

50亿年前 ← → 10亿年前 7.5亿年前 ←

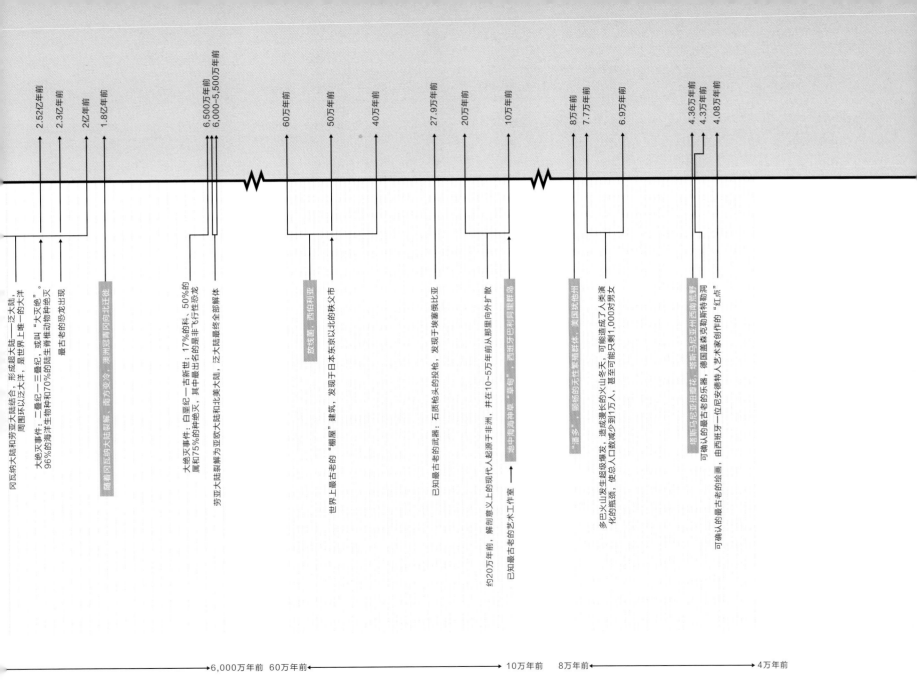

2.52亿年前
2.3亿年前
2亿年前
1.8亿年前
6,500万年前
6,000-5,500万年前
60万年前
50万年前
40万年前
27.9万年前
20万年前
10万年前
8万年前
7.7万年前
6.9万年前
4.36万年前
4.3万年前
4.08万年前

冈瓦纳大陆和劳亚大陆结合，形成超级大陆——泛大陆，周围环以泛大洋，是世界上唯一的大洋

大绝灭事件：二叠纪—三叠纪，或叫"大灭绝"。96%的海洋生物种和70%的陆生脊椎动物种绝灭

最古老的恐龙出现

随着冈瓦纳大陆大陆裂解，南方变冷，澳洲冠青冈向北迁徙

大绝灭事件：白垩纪—古新世；17%的科，50%的属和75%的种绝灭，其中最出名的是非飞行性恐龙

劳亚大陆裂解为亚欧大陆和北美大陆，泛大陆最终全部解体

放线菌，西伯利亚

世界上最古老的"棚屋"建筑，发现于日本东京以北的秩父市

已知最古老的武器：石质枪头的投枪，发现于埃塞俄比亚

约20万年前，解剖意义上的现代人起源于非洲，并在10-5万年前从那里向外扩散

已知最古老的艺术工作室 →
地中海海神堂，西班牙巴利阿里群岛

"潘多"，颤杨的无性繁殖群体，美国犹他州

多巴火山发生超级爆发，造成漫长的火山冬天，可能造成了人类演化的瓶颈，使总人口数减少到1万人，甚至可能只剩1,000对男女

塔斯马尼亚相思花，塔斯马尼亚州西南荒野
可确认的最古老的乐器，德国盖森克勒斯勒洞
可确认的最古老的绘画，由西班牙一位尼安德特人艺术家创作的"红点"

→6,000万年前　60万年前←　　　　　→10万年前　8万年前←　　　　　→4万年前

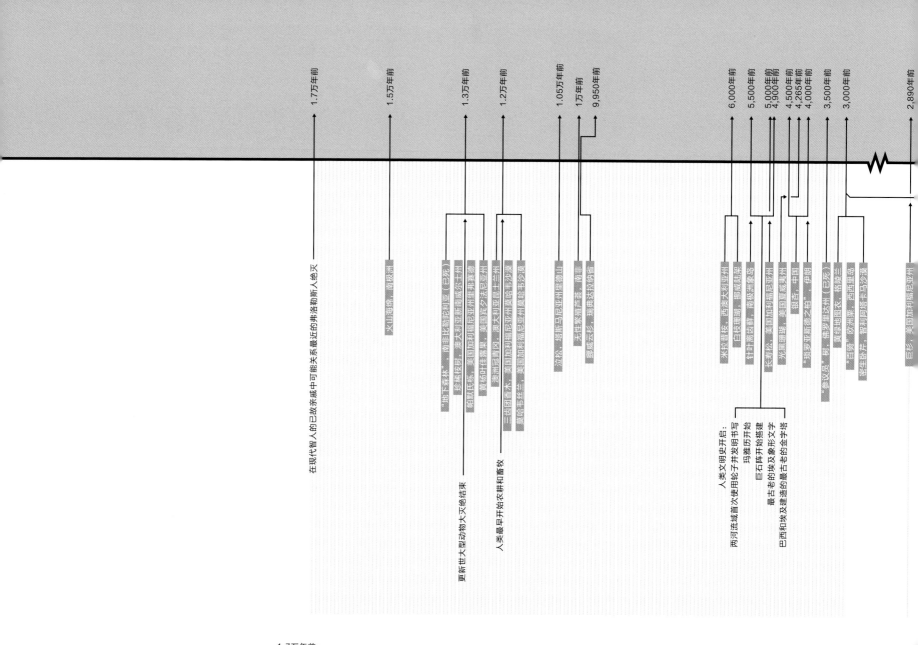

1.7万年前   1.5万年前   1.3万年前   1.2万年前   1.05万年前   1万年前   9,950年前   6,000年前   5,500年前   5,000年前   4,900年前   4,500年前   4,265年前   4,000年前   3,500年前   3,000年前   2,890年前

在现代智人的已故亲戚中可能关系最近的弗洛勒斯人绝灭

火山海绵 南极洲

"地下森林" 南非比勒陀利亚和威尔士州（已殁）
彩缕枝鼠 澳大利亚和新南威尔士州
细瓣民鼠 美国加利福尼亚州和里弗赛德
黄杨矮佳绿果 美国加利福尼亚州

三齿团香木 美国加利福尼亚和福尼亚和莫哈韦沙漠
莫古书丝兰 美国加利福尼亚和福尼亚和莫哈韦沙漠

疣松 塔斯马尼亚里德山
无花梨卢荟 南非
甜威云杉 瑞典达拉纳的省

米亚蕾桉 西澳大利亚州
白技弥药罕 澳威洲昆果
针叶高药柏 南极洲桑岛
长寿松 美国加利福尼亚州
光黑珊瑚 美国夏威夷州
"玛土撒拉之柏" 中国
"明罗亚斯德之树" 伊朗

"参议员"柏 佛罗里斯达州（已殁）
黄纯地图衣 格陵兰
"百喻" 亚洲东、西西亚里岛
深生卧芹、智利阿塔卡马沙漠

巨杉、美国加利福尼亚州

更新世大型动物大灭绝结束

人类最早开始农耕和畜牧

人类文明史开启：
两河流域首次使用轮子并发明书写
玛雅历开始
巨石阵开始搭建
最古老的埃及象形文字
巴西和埃及建造的最古老的金字塔

1.7万年前 ◄──► 3,000年前   2,890年前

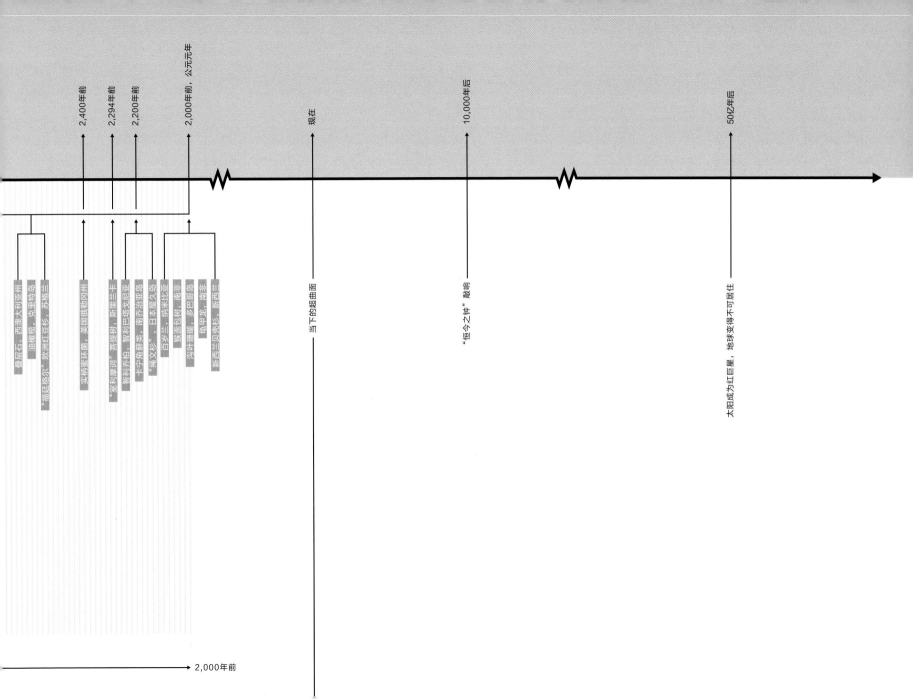

2,400年前
2,294年前
2,200年前
2,000年前，公元元年
现在
10,000年后
50亿年后

磊层石　西澳大利亚州
油棕榈
"潘廷格尔" 欧洲红豆杉，苏格兰

克里特岛

史都崖环礁，美国俄勒冈州

塞利隆河 "雪德树" 哳里兰卡
塞利科柏 智利巴塔戈尼亚
卡千角棒类 南非禾治亚岛
"潘文杉" 日本屋久岛
百岁兰，纳米比亚
猴面包树，南非
勾叶珊瑚礁，多巴哥岛
龟甲龙，南非
新西兰贝壳杉，新西兰

当下的超曲面

"恒今之钟" 敲响

太阳成为红巨星，地球变得不可居住

2,000年前

亚 洲

19

"绳文杉"

年龄
2,180~7,000 岁

地点
日本屋久岛

绰号
绳文杉

中文名
日本柳杉

拉丁名
Cryptomeria japonica

"绳文杉" 日本柳杉　#0704-002（2,180~7,000 岁）

日本屋久岛

那棵大树映入眼帘时，我从眉毛上拂了一把汗，对这场高强度徒步带来的愉悦的疲倦感颇为满足。那个时候，比起目的地来，我对旅途本身更为关注。我给"绳文杉"拍了几张照片，但那时我还没想到要写这本《世界上最老最老的生命》。事实上，我本来很可能不会去拜访这棵树。一开始我考虑的是一场截然不同的日本探险行——从这个国家的东海岸出发，坐 24 小时的船，到一个行政上属于东京之一部分的偏远岛屿，去寻找一些迷人的海盐。显然，我是在寻找什么东西，我只是不知道它是什么。就在我已经做好探险的准备时，我却担心去小笠原的航行需要花费大量时间。假如我到了岛上，发现此行不是我期待的那种探险的话，我就得等整整一星期才能返回日本本土。我放弃了这个计划，改而在东京的一家百货店的地下店铺里买了一些小笠原海盐，然后不知所往地离开了东京。京都是我的第一站，让我不太自在的一站，也因此促成了我前往屋久岛寻找"绳文杉"的旅行。

有个笑话和屋久岛这个茂密的亚热带"西玛"（日语"岛"的意思）有关，这个笑话说，这里一个月要下 35 天雨。破产的铁道公司铺设的废弃铁轨在岛上徐行，有的爬向宫之浦岳，直到被草木吞没，然而山上却没有林业经营的纪录。屋

久岛几乎所有的居民都生活在山下的海岸边，沿岛列成一环。见到岛上茂盛的植被，不难想象它为何会成为宫崎骏的环保警示故事《幽灵公主》的灵感来源。这部动画片构想了自然之灵与人类利益的一场争斗。

日本柳杉堪称日本的国树，就像欧洲红豆杉在英国的地位一样。它常被栽培在神社和寺庙附近。尽管在英语中，日本柳杉被译为"日本雪松"，但它实际上是柏科植物。"绳文杉"到底有多老？它是用日本历史上的绳文时代来命名，难怪人们对它年龄的估算会有一个令人吃惊的宽泛范围，短到 2,180 岁，长到 7,000 岁（这是它可能达到的最大岁数了，因为在 7,000 年前岛上有一场大规模的火山喷发，把植被全部清零），还有介于二者之间的各种数字。像很多古树一样，"绳文杉"也部分中空，因此难以精确定年。"绳文杉"在 2005 年失去了一根大枝；而根据本地一位博客作者的说法，它在 2012 年 11 月又失去了另一根大枝。

在这棵树凹凸不平的树皮上，你会不由自主地看出扭曲的人脸形状。沿树围阔大的树干向上，最终会有一团虬劲的大枝伸出，高处的叶簇就像一丛丛的头发。然而，我的目光

马上就被树干基部交织成厚层的树枝吸引住了，它们就像是手工编织的篮子。这些树枝一面让人无法和树木本身直接接触，一面又保护了树木根系免遭连绵雨水的侵害，然而它的视觉形象却更让我感兴趣——这是人类对自然的干涉。据说人们为了让"绳文杉"能有一个更好的景观，便把林下灌木砍去，这便伤害到了它的浅层根系。与"潘多"颤杨的故事类似，人们在周围种下新树苗，不料却被鹿吃掉，所以他们种下更多幼苗，还树立了一道围栏。"绳文杉"同样未能免于想从它身上摘取"纪念品"之人的危害，如今在它上面已经安装了摄像头。

20

"室利摩诃" 菩提树

年龄

2,294 岁以上

地点

斯里兰卡阿努拉德普勒

绰号

"室利摩诃" 菩提树

中文名

菩提树

拉丁名

Ficus religiosa

瞄准印度洋的机枪

斯里兰卡科伦坡

就在我的麻药刚过劲的时候，护士忙着给我打上吗啡的点滴。这一周我都在花时间寻找白色衣服，穿上它们才能访问"室利摩诃"菩提树。这棵菩提树与佛教历史有关，是记录在案的最古老的栽培植物。它生长在一座寺庙的围墙里面，为了走近一睹它的真容，你必须把全身都穿成白色。在科伦坡的旅馆纪念品商店中我买了一条昂贵得气人的白色棉裙，在去阿努拉德普勒的途中我又穿上了一件是我身体三四倍大的白色系带长袍，就这样我还不得不乞求好运，让我从家打包带来的浅黄色裤子可以蒙混过关。然而，现在在医院里，我终于全身雪白了——白色的床单、白色的病号服，还有白色的石膏，打在我翘得很难看的手腕上，还嵌入我臂弯的皮肉里。

"室利摩诃"菩提树据说是由印度菩提伽耶的菩提树的枝条移栽而成，乔达摩·悉达多就是在这棵印度菩提树下大彻大悟。历史上的乔达摩可能生于公元前 563 年，卒于公元前 483 年，但这些年份是有争议的。有些学者就声称他卒于公元前 400 年前后。我们可以确切知道的是，这棵印度菩提树的活枝在公元前 288 年被带到斯里兰卡。人们做这件事是出于佛祖的专门教诲，这可能是他在病榻上的希望。阿努拉

德普勒菩提树有多老呢？我们似乎只要把 2011（我前往拜访的年份）加上 288 就行，但答案其实没有这么简单。首先是"零年"问题。不去数零就直接从 −1 跳到 +1 的数字系统并不少见，它们有点像是回避了十三楼的建筑。佛历倒真的包括了"零年"，从哲学的角度来看这一点也不令人意外；可惜，这种历法的起始年份却不确定，早可到公元前 554 年，晚可到前 483 年之间（这是源于上面提到的争议），这样就造成了 71 年的误差幅度。更关键的是，就算我们可以锁定菩提树枝越过保克海峡的精确年份，但提供了这根插条的那棵树又有多老呢？这根枝条是母树的克隆，它是营养繁殖的产物，其中不含任何从外部新引入的遗传物质，因此从遗传的角度来看，它和原树就是同一棵树，虽然是一个复制品。我们由此可以合理地声称，"室利摩诃"菩提树的年龄应该是当前年份加上 288 再加上取下枝条的母树的年龄。如果母树现在还在（而且没有被尊为圣树）的话，可以从它上面取一份树芯样品，数数它的年轮。然而，现在立在菩提伽耶的菩提树也是克隆树，而且就是阿努拉德普勒菩提树返回故土重新扎根（转世？）的克隆，原来的母树早就被毁了。尽管是一种相对不易移动的生物，这棵树却真的经历了一番游历。

和大多数的古老生物不同，科学界没有给"室利摩诃"菩提树冠以多少称号，它更多具有宗教意义。巧的是，我的表姐妹劳拉·班达拉（Laura Bandara）的丈夫维吉塔（Widgitha）就是斯里兰卡人，而且和我想去的寺庙有直接联系。维吉塔替我接触了寺庙的僧人，劳拉则消除了我对一个刚刚从内战的阴影走出来的国家的治安状况的畏惧，尽管她也建议我应该雇一名司机。他们又把朋友伊安（Ian）和苏贾塔（Sujatha）介绍给我，这两位朋友碰巧在科伦坡看望父母。

我又意外地发现，我还通过其他人的家庭和斯里兰卡产生了联系。这个人是蒂罗·霍夫曼（Thilo Hoffman），是我的朋友蒂娜·罗特·埃森伯格（Tina Roth Eisenberg）（她广为人知的身份是设计师兼博客写作者"瑞士小姐"）的伯父，刚好又是一名杰出的生物保护者，在斯里兰卡工作了几十年。我给蒂罗伯伯发去电子邮件，然后收到了他的邮件回复，里面是一份热情洋溢的手写传真。这封传真提醒我，如果我试图在因特网出现之前的年代执行这个全球性的拍摄计划的话，我现在肯定还在干着一些肤浅的调查工作。

只有极少数的几位科学家可以直接接触到这棵树，我

还给他们中的一位发去了电子邮件，但没有回音。不过，在康提的植物园工作的萨曼莎·苏兰詹·费尔南多（Samantha Suranjan Fernando）让我知道了原因。他建议我给寺庙写一封请求接近这棵树的信件，然后他会好心地把这封信从斯里兰卡寄出，这样在我到达之前寺庙方就可以收到信。我们在科伦坡一家部分修复的殖民地时期的旅馆的泥泞大厅见了面。费尔南多提醒我，在寺庙里必须脱鞋。因此，我准备了日式的厚底木屐袜，这样可以保护双脚不被灼热的院子地面烧伤。也正是这个时候，他还告诉我，我必须穿上一身白衣，才能进入寺庙。

那天夜晚，我与伊安和苏贾塔见了面，地点是苏贾塔的父母米加马（Meegama）夫妇家。我的司机西瓦（Siva）经常替他们开车。第二天早上我离开旅馆时，和一对同样打算离店的爱人——两位都是男性——互致微笑，然后便向着旷亮稠密的空气进发。匪夷所思的是，租一辆面包车比租一辆小轿车更便宜，所以我和西瓦出发时，身后是好几排的空座位。

很难准确说出科伦坡城在什么地方终止，乡间在什么地

方开始。路边出现了成排的售卖汽车零件的商店。先是一家只卖车座的店铺，一楼和二楼的橱窗里面都有车座紧紧抵着玻璃。下一家店则只卖保险杠，接着是底盘店，接着是车门店，给人的感觉就是，你应该边走这条路边把这些零件组装成一台定制的车辆。水果专卖区也出现了，路边是一排又一排的菠萝店，然后是红毛丹店，然后是腰果店。又有一家小店卖手工制作的扫帚，之后又是汽车零件店。又有稻田，消失在稠密的油棕林的周边。我们略作歇息，吃了一些成熟的美味水果，然后又在一家以洁净著称的餐馆停留，吃了午饭。我入座的时候才发现早上和我互致问候的那对情侣也在这里。他们的名字是大卫（David）和伊尼亚基（Iñaki），从巴塞罗那来这里度假，我们刚巧要赶往同一家旅馆。于是，我们像旅行者一样商量好在吃晚饭的时候再碰面。

为了在大自然中寻找 30 种不同的生物，你得又爬山，又潜水，又要禁受世界上一些最偏远地区的刺骨寒冷。我并非没有和人身危险周旋的经历，但是有时候，最紧迫的危险却来自你的一步失足。

如果把棕榈山庄花园酒店的建筑放到美国，那它就是违法建筑。酒店的台阶极为陡峭，有难以察觉的隐患，不仅完全没有扶手，而且全都覆盖着光滑的瓷砖。那天晚上到饭点时，我和伊尼亚基在复式的餐厅中穿行。走下第一个台阶时，我只顾和伊尼亚基说话。当我迈出第二步时，麻烦来了。我的右脚所踩与其说是台阶，不如说是一面光滑的瓷砖斜坡。在我的脚向下慢慢滑动时，我低头望向它，然后只一刹那就从楼梯上摔了下来。因为伸出右手撑地，落势有一点减缓。

餐厅里其他的食客看着我躺在地板上，都目瞪口呆。一股恶心的热潮席卷我全身，我运起全部意志力让自己不要晕过去。有人拿来了水，后来这算到了我的西班牙朋友的晚饭账单上，他们中有一位碰巧是医生。我让人去找西瓦。到了送我去医院的时候，陪我前往的有伊尼亚基和大卫，旅馆的招待员，还有另一位不会讲英语的旅馆员工。我租的那辆大得可笑的面包车一下子就挤满了乘客。

这是星期六的晚上 9 点或 10 点。我被私人诊所拒诊，唯一的其他选择是露天的公共医院。同行之人给我挂了号，用担架车把我推过露天的混凝土走廊，经过一个写着"太平间"的标识牌，最后到达一个似乎是病房的地方，里面差不多有 40 名病人安静地躺在带轮的病床上，不用指望他们会在短时间内转移到别的什么地方。只有一名护工坐在一张桌子后面。散养的狗和鸡随心所欲地到处漫步。我不知道接下来还会有什么变数，但可以确定的是，这里没有止痛药，没有 X 光。看来我也要躺在一张带轮病床上，在未经治疗和疼痛不断的情况下和鸡狗们度过整个晚上。他们要到早上才会给我全身麻醉。

我必须离开这儿。

我们重新挤回面包车上，我的手腕还是没有固定，只是用纱布包扎起来，还包了一层毫无用处的单层纸板。在这种情况下，我还能做的事变得十分清晰。我已经不能再在斯里兰卡拍摄那棵觉悟之树了。我只能度过一个无眠的夜晚，在米加马夫妇、斯里兰卡卫生部、我兄弟（耶鲁大学纽黑文医院的医生）、美国领事馆和其他我们认为可以伸出援手的人的帮助下，再神志不清地忍受一段六个小时的车程回到科伦坡入院。

伊安和米加马先生在医院和我打了招呼。这家医院有墙，有空调，让人觉得舒服。那时我还不知道伊安姓什么，只知道他为我签了手术同意书。我一次又一次被问到是否想通知我的丈夫，然后我一次又一次回答说我没有丈夫。我想过给前男友 R 先生发送短信："在斯里兰卡／手腕断了／我怕。"但转念一想还是算了。我并不需要什么救援，我需要和整形外科医师交流。他建议我让他先把骨折固定住，然后飞回美国再做进一步的手术，我表示同意。在我遵守医嘱睁开眼睛从十倒数的时候，麻醉师又问我，我的丈夫是否知道我的现状。第二天早上，一位护士走进病房，用不太地道的英语问我是否还疼，是否已经给我丈夫打过电话。

斯里兰卡有老虎和大象，但我都没有见到。我也还没观赏圣城康提的迷人景色，或是著名的佛牙寺。同样，我也没有看到那棵古老的菩提树，它是我此行的全部目的。我应该放弃吗？我想过就这样打着石膏回到阿努拉德普勒拍摄那棵树。可是我是否还未脱离危险呢？我父亲从前也是整形外科医师，我和他久未联系，这时也收到他的电子邮件。他告诉我，如果我真的需要手术，那就应该在受伤后一星期之内把它做掉，否则，留下永久性损伤的可能性就会大幅增加。我躺在医院的病床上，反复权衡是放弃达成近在咫尺的目标，还是损害我今后长期的身体健康。最后我下定决心：回家。

在和收费部门做了一番复杂的周旋之后，医院终于同意我出院。晚上我在米加马夫妇家吃了晚饭，苏贾塔梳理了我那乱成一团麻的头发，把它们编成两个辫子，这就是我在回家的长途航班上的发型。

午夜时分，我坐着轮椅通过科伦坡机场；航班延误到大约凌晨3点，才叫乘客登机。迪拜机场金碧辉煌而让人安心，已经有另一台轮椅在这里等候着我。10个小时后，我抵达约翰·F.肯尼迪机场，我兄弟的爱人，亲爱的林德赛，在那里和我打了招呼。

在离开机场的路上，我突然意识到，这正是探险的本质。你带着做某件事的目的动身，结果遇到的却是完全不同的情况。如果知道事情本来可能更糟，那么有时候衡量成功的标准只不过是能保证安全，特别是当你最终平安归来从容回顾的时候。

当我第二天应约抵达纽黑文的时候，"斯科特的从斯里兰卡来的姐妹"飞了一路来康涅狄格看病的流言已经在这家耶鲁大学医院里传开了。随后，整形外科医师对着硕大的石膏绷带和我的手腕的笨拙姿势哈哈大笑，因为这是美国十年前就已经淘汰的技术。然而，几天之后我又重返急诊室，因为我的手腕在新缠上的玻璃纤维绷带里肿得很厉害。我毕恭毕敬地重新回答了那一串标准的询问。

"这是在哪儿伤的？"护工问道。

"斯里兰卡。"

几个问题之后，他又问了一遍：

"这是在哪儿伤的？"

"斯里兰卡。"我也又重复了一遍。

停顿良久之后，下一个问题是："这地方是在纽约州吗？还是康涅狄格州？"

把后来长成为"室利摩诃"菩提树的枝条从印度带到斯里兰卡的是一位女性，她叫僧伽密多，是阿育王的公主，后来在斯里兰卡建立了一个比丘尼僧团。天爱帝须王把这棵树种了下去。阿努拉德普勒城本身就是围绕着这棵树建立起来的，已经繁荣了 1,300 年。

后来的岁月中，"室利摩诃"菩提树因为风暴折损了一两根大枝（还有一根是一个"疯子"毁掉的），但全树大部分完好无损，一直耸立在寺庙围墙之中。阿努拉德普勒最新一次写入历史是在 1985 年，那时，斯里兰卡前后延续 27 年的内战已经爆发了两个年头。就在这座寺庙中发生了一场屠杀，很多人死于屠刀之下。

但菩提树却毫发无损。

"室利摩诃"菩提树

21

西伯利亚放线菌

年龄
400,000~600,000 岁

地点
西伯利亚科雷马低地

绰号
无

中文名
西伯利亚放线菌

拉丁名
Actinobacteria

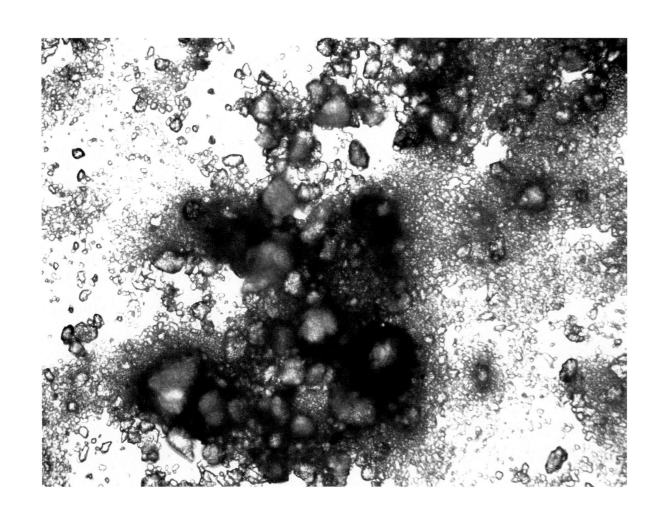

含有西伯利亚放线菌的土壤样品　#0807-tV26（400,000~600,000 岁）

哥本哈根尼尔斯·玻尔研究所

50 万年前，解剖学意义上的现代人还不存在，尽管那时的古人类的确有向这个方向演化的趋势。在日本，我们的一些比智人早的祖先正忙于建造已知最早的房屋结构。西伯利亚放线菌那时可能已经有 10 万岁了。就算事实表明这种细菌的年龄要取 40 万岁到 60 万岁这个范围的下限，离它们最近的邻居——地中海海神草"草甸"——至少也要比它年轻 30 万岁。考虑到细菌是地球上最古老的生命形式之一，这似乎并不怎么令人意外。

我第一次知道西伯利亚放线菌完全出于偶然，那是在发现它的第一篇论文发表之前的某年，在纽约布鲁克林一位艺术家的住处举办的新年前夜聚会上。发现这种放线菌的萨拉·斯图尔特·约翰逊（Sarah Stewart Johnson）是来自哥本哈根尼尔斯·玻尔研究所的一位科学家，她碰巧也是那次聚会的宾客之一。约翰逊当时在麻省理工学院做访问学者，在美国参与这项研究，她让我和马丁·贝伊·赫布斯加尔德取得联系——赫布斯加尔德在主持这项研究的实验室里工作，放线菌样品也保存在这个实验室的冰箱中。（因为他们的野外工作已经完全结束，我很不幸没能赶上去西伯利亚的机会。）

2005 年，一队行星生物学家来到俄罗斯的科雷马低地。他们的目的很明确，是要通过调查地球上最不适宜生命栖息的土地之一，来寻找其他行星上的生命的线索。在南极洲和加拿大西北部也有其他人在做研究考察，在全世界很多地方的土壤以及无论咸水还是淡水的水体中也都能找到不同类型的放线菌。然而，这支考察队发现的这种独特的西伯利亚放线菌却格外不同寻常，因为它们可以在低于冰点的温度下进行 DNA 修复。这就意味着它们和其他的古老细菌不同，不像它们那样正好在暂停生命活动期间被冻结起来。西伯利亚放线菌实际上并没有休眠，而是一直活着，慢慢生长了 50 万年。约翰逊告诉我，她们考察回来之后，整个团队花了 9 个月时间证明放线菌细胞活着，仍在呼吸，而且这些结果必须在一间独立的清洁实验室中获得重复。当然，她们的结果被证实了，论文也于 2007 年发表。

在所有生物中，细菌自成一域——原核域，另两个域是古核域和真核域。然而，尽管我们人类喜欢给所有事物进行分类，但是在用于确定分类等级的域和界的层次上，现在仍然有几个系统在彼此竞争。细菌是单细胞生物，绝大多数种类通过二裂进行无性繁殖。事实上，当一个细胞长到足够大时，它就会一分为二，如是反复进行。之所以强调细菌是原核生物，是因为它们没有细胞核。我们不难听到这样的说法：细菌和古核域的古菌一同被归类为"嗜极生物"，也就是能够在其他生物无法忍受的环境中生存甚至欣欣向荣的生物。（铁呼吸微生物和庞贝虫都是嗜极生物的例子。庞贝虫生活在深海热液喷口生态系统中，可以经受176°F即80°C的高温。此外还有很多其他嗜极生物，都得到了探寻宇宙中生命本质的天体生物学家的研究。）

我和赫布斯加尔德（他后来邀请我参加他到格陵兰采集地衣的考察）在哥本哈根见了面，他带我了解实验室的行为规范。我们穿上了防护衣。（与其说是保护我们不受样品危害，不如说是保护样品不受我们危害。）赫布斯加尔德把一个盛着细菌的金属小罐拉出冰箱，小心翼翼地准备了一些涂片，上面的细菌肉眼看去就像灰尘。在用这种细菌开展研究时，科学家并不需要看到它们，所以我大概是第一个试图这样做的人。不巧的是，实验室里并没有能够放大到50万倍的扫描电子显微镜，我只拿到一台100倍的单镜头显微镜。我用相机附件把相机安在显微镜的顶上，再让相机和电脑屏幕相连，可以在屏幕上即时显示涂片的影像，这样就获得了数字化的光学显微图像。我调整涂片的位置，然后捕捉下数字化的瞬间。

这些科学家一直预感他们会发现掩埋在永冻层中的一些有价值的东西，然而，能发现地球上最古老的持续不断生活的生物，仍然是交了好运。这让我们不禁要问，我们是否还能再发现些什么？这也让我们好奇，西伯利亚放线菌会如何面对气候变化？在暖和的温度下，微生物的活动会更多，所以我们不得不担心的恐怕不是细菌本身，而是融化的永冻层释放出的所有副产物。按照约翰逊的说法，"随着气温继续变暖，永冻层会继续融化。对于永冻层来说，气候变化特别具有潜在危害性，因为禁锢在永冻层中的有机碳会以二氧化碳和甲烷的形式被释放到大气层中，这又会让气候进一步变暖。"

非洲

22

猴面包树

年龄

2,000 岁

地点

南非林波波省

绰号

萨戈雷，帕富里，格伦科，桑兰德

中文名

猴面包树

拉丁名

Adansonia digitata

"帕富里"猴面包树　#0707-1335（可能有 2,000 岁）

南非克鲁格国家公园

到非洲以后第一个整天的清晨，我、猴面包树专家黛安娜·梅恩（Diana Mayne）和克里斯汀·麦克利维（Christine McLeavey）（她既是我的朋友，又是蕾切尔·霍尔斯泰德[Rachel Holstead]的朋友，我们后来和霍尔斯泰德在开普敦见了面）就开车离开约翰内斯堡，向着这个国家最东北的地方驶去。一连串的电子邮件请求让我最后联系上了梅恩，她答应带我去林波波省看猴面包树。我们的第一站是路易特里哈特城，在那里住在梅恩的一个朋友家。这位朋友是一位林务官，创办了一家可持续性的本地企业，把猴面包树加工成油脂。猴面包树油有从舒缓皮肤到调制色拉的多方面的用途。这里有很多有关猴面包树的神话——比如说，它们可以自己拔起根来到处走；它们曾经惹怒过神，结果被头朝地脚朝天地栽到地里(猴面包树的枝条看起来就像根)，算是神的惩罚。

"萨戈雷"是不是最老的现生猴面包树还不确定，不过它胜算比较大。它是我们为期一周的旅行中拜访的第一棵猴面包树。全程大部分时候是我在开车，我因此渐渐习惯了右舵驾驶位。更麻烦的是牛、驴、人、山羊和其他各种随意、随地穿越公路的家伙，根本不在乎公路上那高得惊人的限制速度。（在我印象中，只有在西西里岛温泉开车时的混乱可资一比。）我们离开所谓的柏油路，驶入部落土地的砾石地面，"萨戈雷"就长在这里。我很遗憾，在一群獴突然冲到车子前面时，我要为至少一只獴的死负责。

到达这棵巨树时已经快要傍晚了。为了靠近它，我们付了一些旅游费用。附近族人刚好可以分辨出来的声音，和放牧的牲畜脖子上叮当作响的轻柔铃声在空中交织成一片，是暮光中迷人的男高音。"萨戈雷"的树皮非常光滑（但上面有一些刻得很深、穿皮入肉的潦草人名），大枝近乎直上。冬天是旱季，而猴面包树是落叶树，所以这个七月的日子是观赏它们的好时候，因为夏天的叶幕完全长出时，那大得令人敬畏的枝条结构会藏没不显。猴面包树的古怪树形，是形态由功能决定的例子：它们的树干是贮水桶，会在连绵的旱季发挥作用。

和巨杉一样，猴面包树也是屈指可数的几种既极为古老、又极为巨大的生物之一。猴面包树的中心柔软多汁，越老越容易空心，它们因此成了有名的难以确定年龄的树种。这些树洞可以作为动物的天然庇护所，但也常被人类不太道德地挪作他用，比如当成厕所、监狱甚至酒吧。这一周后来有一天，我们就见识了这样的酒吧。

我们在树边逗留，树影越来越长；等我们驶回柏油路、前往克鲁格国家公园的帕富里大门时，太阳就完全落下去了。克鲁格公园的边界是一道电网，我们在离它不远的地方扎营，在台子上搭起帐篷。克鲁格公园里满是狮子、豹和猎豹（我的天）。我时睡时醒，听见漆黑的树林里满是古怪的声响。半夜时分，我相信猴子就在帐篷外面的室外水槽边上，正在吃我忘了收进帐篷的牙膏，但是我不打算摸黑起来去看实情。第二天早上，我却发现牙膏原封未动，这倒让我颇感意外。

我们醒来时，天空阴云密布，这在旱季已经算是前所未闻的天气，更不用说我们和公园看守员会面的时候干脆下起了雨。几位看守员将作为武装人员护送我们前往"帕富里"猴面包树。克鲁格公园严禁到访者偏离主路，在禁猎区的大部分地方，如果没有护卫，连下车都不行。虽然偶尔会有人在这里遇难，但这是十分罕见的事情，而且这些遇难者通常都是不遵守公园规则的人，其中很多是盗猎者。（论获利程度，非法野生生物贸易堪与毒品贸易和人口贩卖相比。）狮子、

豹和鳄鱼的袭击可致伤亡。但就算是受过训练的公园看守员，也难完全避免危险。曾有一位外出搜寻非法渔网的野外看守员惊吓到了一头母象和它的幼仔，便被母象踩踏至死。

"帕富里"猴面包树不如"萨戈雷"那么大，但外形仍很出众，而且比禁猎区里生长的其他任何猴面包树都大得多。我拍照的时候，所有人都边绕着树走来走去边谈论着它。天晴而复阴，雨落而又疏。像前一天到访"萨戈雷"时一样，梅恩对这棵树也做了记录和测量。

沿路再往前开一点是一片"发热树"（黄皮金合欢）树林，树皮是柔和的淡绿色调。"发热树"这个绰号和疟疾有关。自然，这种树本身并不会导致疟疾，但因为它们的生长需要比大多地方更湿润的土壤，所以在树周围理所当然会有更多的蚊子。沿路再往前一点点就到达了林波波河干旱的岸边，对岸便是津巴布韦和莫桑比克。沿河没有围栏，但这片开阔的地带有狮子在巡逻。它们会一视同仁地拒绝任何人进入。

"萨戈雷"猴面包树　#0707-000505（2,000 岁）

南非林波波省

"萨戈雷" 猴面包树　#0707-0824（2,000 岁）

南非林波波省

"桑兰德"猴面包树上的"啤酒"标识 #0707-2128（可能有 2,000 岁）

南非林波波省

"桑兰德" 猴面包树　#0707-2303（可能有 2,000 岁）

南非林波波省

"格伦科"猴面包树　#0707-3305（可能有 2,000 岁）

南非林波波省

我的同行旅伴就我们应该花多少时间观赏野生动物的问题产生了意见分歧，之后我们决定继续前往下一棵树。经过一段漫长而复杂的车程，我们在晚上到达"桑兰德"猴面包树。"桑兰德"树的最大名声，来自它肚子里勉强运营的酒吧。它的树干上安了一个写着"啤酒"字样的标牌，旁边还有一些户外灯饰。酒吧里面塞满了酒馆风格的古董，然而这里竟然并不卖酒。一株值得尊敬的老树变成了搞笑的幕间表演，真的让人感觉很糟。

我们此行到访的最后一棵树是一家私营牧场里的"格伦科"猴面包树。梅恩事先已经和牧场主安排好了到访事宜，牧场主很乐意接待我们。这棵巨树在坦荡如砥的牧场上拔地而起，不远处是陡峭的群山。"格伦科"在多年前曾被闪电击中，向一侧倾翻，一半根从地里拔出。这些暴露的根后来变成了枝条，让"格伦科"呈现出猴面包树少见的对称树形。随着猴面包树渐老，它们的个体风格也越来越鲜明。

子夜过后，我们回到了约翰内斯堡，接着又开了十个小时的车。这是一段艰难的驾驶，在一个梅恩曾提醒我们不太安全的地方，因为堵车，我们滞留了好几个小时，全车人都十分紧张。最后到达目的地的时候我已完全筋疲力尽。第二天早上，我和克里斯汀就要去比勒陀利亚看"地下森林"。我们离开约翰内斯堡之前，梅恩的丈夫警告说，这天早上，就在我们驶出公路前往植物园的那个交叉路口可能会遭遇"砸加抢"。（具体来说，是先砸碎车窗，抢走所有能抢的东西，然后迅速逃窜。）他劝告我们不要停车，就算碰到红灯，只要见到有人在那几个路口鬼鬼祟祟地走动，也应照闯不误。还好，我们顺利到了植物园。

23

"地下森林"

年龄
13,000 岁（已死，其他个体尚有存活）

地点
南非比勒陀利亚

绰号
地下森林

中文名
开普怀春李（及其他种）

拉丁名
Parinari capensis（及其他种）

"地下森林"　　#0707-10333（13,000 岁）已死

南非比勒陀利亚

在查找有关猴面包树的信息时，我碰巧了解到了我至今听说过的最聪明的现象之一。这是一种生长策略，采用这种策略的个体合起来就形成了非洲的"地下森林"。布拉姆·范·维克（Braam van Wyk）是比勒陀利亚国家植物园的植物学家，他向我解释道，在干旱而易发生火灾的灌丛草原生态区，木本植物的几个独特的种采取了一种不同寻常的适应方式。别的种会长出厚厚的不易被火烧透的树皮，但"地下森林"却不是这样。它们把植株的大部分转入地下，露在地面上的部分只不过相当于一棵树的树冠。这样一来，土壤就成了天然的防火墙，保护了它们庞大的地下部分。即使火烧到了地上部分，受损害的也只是最顶上的叶和幼嫩的一年生无性繁殖枝条；植株本身很容易复原。这就好比只是燎焦了你的眉毛——它们会再长出来的。

"地下森林"中最古老的个体以无性方式繁殖，据说已有 13,000 岁，可能还要老得多。处在这个纬度，它们还有一个额外的优势，就是不需要挨过冰期。

"地下森林"里的植株通常由两个部分构成。一个是中央的木质茎，有时也被称为根状茎；另一个是由茎和根组成的庞大系统。很多"地下森林"可以在约翰内斯堡和比勒陀利亚附近找到，它们在整个撒哈拉以南的非洲都能茁壮生长。范·维克建议我到任何一块未受干扰的草地上看看。如果它以前从未被耕种过或是以别的方式开发过，那就可能发现一片"地下森林"。虽然还没有能精确测定其年龄的方法（对很多无性繁殖群体来说都是这此），但通过生长速率分析可以得到比较可靠的估计。

这些地下的巨大生物之所以会被发现，往往是因为它们会造成麻烦。有时候，它们因为修路的建筑工人的挖掘而暴露出来，却极难根除；同样，它们对农夫也是个大麻烦，因为有些（但不是全部）以这种方式生长的种对牲畜有毒。农夫想了一个聪明（也可以说狡诈）的方法，不需要在牧场上挖坑就能除灭它们。他们划破一些活着的枝条，让植物从伤口吸水，就像插花从花瓶里吸水一样。一旦植物的茎成功地吸起了水，农夫就把水换成毒液，然后植物就在不知不觉中饮鸩自杀了。

南半球的冬天有助于捕捉到猴面包树的最佳面貌，但如果你想看"地下森林"无性繁殖群体的茂盛枝叶，这可不是个理想的时候。有些种有落叶性，因此在落叶季很难见到。不过，我拍摄的个体却还有浅绿色的叶子，映衬在一片未受干扰的草原孤岛的橙色黏质土壤上。"孤岛"不全是比喻，因为这里确实是个交通岛，位于公路和植物园之间。

然而，它现在已经不存在了。范·维克告诉我，在我来访之后过了几年，植物园大门外的路重新修过，那片"地下森林"在修建的过程中被毁掉了。好消息是，那里还有很多别的"地下森林"；坏消息是，它一旦消失，就是永远消失——你不可能立刻就复制出 13,000 岁的一片植株来，而且它们身上我们不了解的东西还太多太多。

因为，虽然"地下森林"很迷人，但就算是植物学家，知道它们的也没有几个。

"地下森林"

24

百岁兰

年龄
2,000 岁

地点
纳米比亚纳米布 – 纳乌克卢夫特沙漠

绰号
无

中文名
百岁兰

拉丁名
Welwitschia mirabilis

百岁兰　#0707-6724（约 2,000 岁）

纳米比亚纳米布 – 纳乌克卢夫特沙漠

百岁兰　#0707-22411（2,000 岁）

纳米比亚纳米布－纳乌克卢夫特沙漠

纳米布 – 纳乌克卢夫特公园的百岁兰　#0707-06736

纳米比亚

百岁兰是一种真正奇怪而独特的植物，只生活在纳米比亚和安哥拉海边的沙漠和海雾交汇的地方。尽管你可能从长相上看不出百岁兰是什么东西，它其实是一种树，在分类上属于买麻藤类。买麻藤类是一个古怪、异常而仍然充满争议的类群，人们相信它是松科的姊妹群。和松科的很多结球果的树种一样，百岁兰结的也是球果，虽然是原始的类型。它有长长的直根，地上部分则像波浪一样时快时慢地生长（你可以看到它每年生长形成的树轮，但它们过于扭曲，无法精确计数）；而且，和植物界的其他成员不同，它终生只有两片叶子。严格来说，在百岁兰生命伊始，它还有名为"子叶"的胚叶，在发育上和真正的成叶不同。如果你曾经用种子种过植物，你就会观察到从土壤中冒出的最早的叶子和成熟植株的叶子有所不同。这些就是子叶，有点像是乳牙。对于百岁兰来说，子叶后来会被成叶取代，成叶永不凋落，也永不停止生长。（也许就像它们说自己"年齿长矣"？）换句话说，在百岁兰植株两边看上去像两大堆叶子的东西实际上是两枚单一的叶子，因为会被恶劣的天气撕破，久而久之就在上面堆成一堆。

纳米比亚有很多石化森林，却不容易见到树。基尔斯

滕博什国家植物园的首席园艺家恩斯特·范·雅尔斯维尔德（Ernst van Jaarsveld）把百岁兰描述为一种活化石，和加利福尼亚州的帕默氏栎很像，生存在大部分已经消失的古代生态系统的残余中。研究者凯思琳·雅各布森（Kathryn Jacobson）提出假说，认为百岁兰在1.05亿年前有一个繁茂的居群，但自那以后就因为气候变化变得越来越孤立。这个假说还在继续深化。范·雅尔斯维尔德最近在电子邮件里告诉我："就是前不久，在巴西北部发现了类似百岁兰的化石植物，定年是大约1.15亿年前，那时候非洲和美洲还连在一起。"

我和范·雅尔斯维尔德在开普敦见了面。他说百岁兰像是停留在了青春时代，让我想到它就像是一个球果树版本的彼得·潘，虽然年纪渐增，却永远长不高。但是，它怎么会是树呢？严格来说，百岁兰有树干。当我要求范·雅尔斯维尔德给出树木的定义特征时，他微笑着回答说："你得能爬上它。"

言归正传，我们继续说沙漠。

世界上最老最老的生命

我、前面提到的蕾切尔·霍尔斯泰德（她是一位爱尔兰作曲家，我在麦克道威尔文艺营和她成了朋友）和克里斯汀·麦克利维三人从开普敦出发，沿着南非的西海岸开始了驾车旅行，就这样越过国境进入纳米比亚。在辽阔的大地上我十分放松，深深爱上了这里的景观——规模仅次于大峡谷的菲什河峡谷，"巨人游乐场"随意撒满砾石的景象，曙色中的二歧芦荟（箭筒树），索苏斯盐沼的深锈红色泽，还有"死湖盆"里骷髅一般的死树。沙漠比我想象的还要美，景观还要丰富。当然，这段旅程照样也有它的艰辛之处。我被一匹愤怒的马甩了下来，或者更准确地说，它没有成功地把我掼在一棵树上，然后我就飞速翻身下马，在地上翻滚，重重地撞到了厩栏上。我浑身酸痛，满是淤青，幸好没有伤得更重。（专业建议：不要在情况不明的情况下和牧场主说你是个有经验的骑手；你最后可能会骑到一匹不惯鞍鞯的马。）后来我们行到更北边的地方，在漆黑的夜晚赶往一个游猎客栈的途中，车子又差点被一只巨大的南非长角羚踩坏。谢天谢地，人和羚羊最后都毫发无损。后来我为了我的计划到访澳大利亚的时候，又有人劝告我说不要大晚上在地广人稀的内陆开车，但我已经不需要再被劝第二次了。

然而，这些还不是最紧迫的麻烦。我曾经和戈巴贝布研究培训中心的科学家联系了好几个月，他们也打算带我去找百岁兰，但是我来了之后才发现他们已经去了安哥拉，而且没有告诉我还有别的什么办法。幸运的是，我一个朋友的邻居的姐妹的一个纽约朋友正好是温得和克的旅行代理人。这世界真小。妮科尔·沃兰德（Nicole Voland）帮助我们重新规划路线，预订旅店（在纳米比亚，如果你不着急赶路的话，很可能会孤身一人困在茫茫荒野之中）。她在斯瓦科普蒙德找到了一个认识的人，这个人又让我联系上了一个自学成才的博物学家乔治（George），他同意带我们进行一趟纳米布－纳乌克卢夫特公园之旅。斯瓦科普蒙德是一个不寻常的地方，它于 1892 年由当时的德意志帝国建立，现在还保留着德式海滨小城的风貌。我一直遗憾我在那里刚好错过了一所本地中学演出的音乐剧《油脂》，而这又是文化不协调之一例。

我们四个人坐着一辆吉普车进了这个面积广大的沙漠公园。这里的景观几乎恒常不变，唯有新铺设的管道例外，它们把水从小城导向干燥至极的广大内陆。乔治解释说，纳米比亚政府已经把公园的很大一部分租给了国际矿业公司。虽然这些公司确实给纳米比亚公民提供了一些工资不高的工

幼年的百岁兰　#0707-06520

纳米比亚纳米布－纳乌克卢夫特沙漠

作，但是纳米比亚却没有享受到自然资源开采的利润。当我们经过一个又一个标牌，提醒前方是通往"斯瓦科普铀矿"禁区的入口时，我开始好奇"公园"这个名字到底有多大分量。

我们开始沿着由百岁兰得名的"百岁兰路"行驶，这是一条自驾观光线路，最后可抵达"大百岁兰"。这是一株名副其实的植物，是个围着一圈石头的古怪景点，还专门配备了一个快要散架的观赏台。有很多百岁兰冲破了光秃秃的沙漠地表，有些还是幼苗，有些却和那株明星百岁兰一样大，让人不免产生疑问，为什么只有那一棵被单独挑出来特别对待。和绝大多数植物一样，光、水分、养分、pH 值和其他因子都会影响到百岁兰的生长速率，但一般来说它的植株越大，年岁也越大。我们不再走那条观光线路，直接开往一棵可能更大的个体，它周围并没有用石头围起。乔治有时候会搞不清楚状况，但这无所谓了。在他的帮助下，我终归是找到了我要找的东西。凝视着这株怪物一般的植物，我毫不奇怪，为什么当纳米比亚的小孩做错事的时候，百岁兰会来抓走他。

下午的时光一点一点流逝，我们离开了覆盖着沙漠的平

原，来到略有绿意的峡谷。我们偶遇一只鸵鸟，它迈着曲折的步伐跑离了吉普车道，仿佛史前一幕。返程路上，我同时想到了很多事情——百岁兰原始而离奇的存在；同样扎下了离奇的根的殖民者小城；还有这个国家（以及非洲这片大陆），常常有人觉得那里的资源可以随意开采，那么它的未来又会如何？

不知为什么，作为纳米比亚国树的百岁兰，却在这片无情的沙漠中顽强地生存了下来。它，就是为了这里而生。

从斯瓦科普蒙德进入纳米布－纳乌克卢夫特公园的道路

纳米比亚

澳 大 利 亚

25

澳洲冠青冈

年龄
6,000~12,000 岁

地点
澳大利亚昆士兰州

绰号
无

中文名
澳洲冠青冈

拉丁名
Nothofagus moorei

澳洲冠青冈　#1211-0367（12,000 岁）

澳大利亚昆士兰州拉明顿国家公园

2010 年我在 TED 做完演讲之后不久，住在澳大利亚黄金海岸的一位生来就具有博物学天赋的新晋生物学者罗布·普莱斯（Rob Price）便发电子邮件给我，问我是否了解他们那边的澳洲冠青冈。我还不知道它也值得一寻。

在英文中，澳洲冠青冈虽然曾有一个莫名其妙（其实就是种族主义）的名字，但现在通称"南极青冈"。尽管它们现在生长在昆士兰州，但的确起源于南极洲——当然这是 1.8 亿年前的事情。南极今天的气候当然已经不可能让它们存活，不过麦克弗森山中又湿又高、相当温暖的拉明顿高原恰好是它们的宜居之地。澳洲冠青冈与今天生长在南美洲的南青冈（学名 Nothofagus antarctica）有亲缘关系，南青冈恰好是地球上分布最南的树木。这个关系，是把南极和澳大利亚植物区在地球的悠久历史中联系起来的诸多证据之一。

且让我们回到此地此时。我在悉尼花了几天时间适应 16 个小时的时差（在这期间，我和蔼的房东罗伯特·托德 [Robert Todd] 给我上课，确保我能认出可能在灌丛中遇到的所有种类的毒蛇），之后，普莱斯从昆士兰州那个海滨小城的小型机场把我接上了车。他从一家真正的嬉皮士那里租了

一间房，我就住在房子前院一辆真正的嬉皮士拖挂房车里。普莱斯睡觉的地方和这家人办的扎染作坊都在一楼，这家人则住在楼上。离房车门几英尺的地方，有个鸟圈关着一群鹌鹑（但没有关住它们的气味）。我吃到了一小块可口的夹蛋三明治，不是鹌鹑们给我的，是普莱斯给我的。我第一次见到女主人乔伊（Joy）时，她刚从一个女神讲习班回来，脸颊上画着一朵花。（第二天，她又回去继续参加讲习班，还带去了一本摄影集，里面展示了各种各样的阴道的美感。）这家人的女儿是一个有抱负的高空杂技演员。我以前也干过这行，现在退役了。我从小就练体操，但可能让人匪夷所思的是，在 25 岁这个对于高空杂技演员来说已经偏大的年龄，我居然又重操旧业，还练起了固定式高空秋千，以减缓对身体的冲击。我和制片人樱井北尾（Kitao Sakurai）在全纽约的俱乐部里演出，直到我三十多岁的时候感到体能不支，知道是退役的时候了。这样看来，我和房主的女儿完全是同行。

第二天，普莱斯和我离开了衰落中的海滨小镇，开车前往拉明顿国家公园。徒步山道稍有点陡，有好几英里长。我的穿着有一点破旧。几个月前我的手腕在斯里兰卡骨折了，周边软组织也撕裂了，现在我的手腕上还戴着支架；此外我

还忍受着慢性的背痛，这很可能是我上面说过的那些杂技表演的后遗症，而我满世界背着摄影设备行走的行为肯定又加重了疼痛。但我已经到了这里，半途而废是没有意义的。我看到了小袋鼠、果蝠、狐蝠和珍稀鸟类。普莱斯到森林里就像到了家，他仿佛认识所有的森林生灵，不住地叫它们的名字，和它们打招呼。他对小路上的毒蛇也毫不担心。（这让我想到我在十几岁的少年时代曾经加入过"卡罗来纳蛇咬俱乐部"，算是一种夏令营活动吧。在一个麻袋里有一条黑色的豹斑蛇，你要把你的手伸进去让它咬。一旦它咬了，哈！你现在有会员资格了。这是 20 世纪 80 年代的事，和现在不同时代了。）我们一边继续登山，普莱斯一边给我讲起一种在胃里孵卵的蛙。它停止分泌胃酸，吞下受精卵，等蝌蚪要出生的时候再吐出来。无可否认，这是一种有趣的演化策略，但在知道它现在已经灭绝的时候你也毫不感到意外，尽管你的确想让它再尝试一把。

森林茂密而原始，从布鲁克林到澳大利亚的长途旅行带来的压力渐渐消退在徒步带来的真切的疲倦中。巨大的树状蕨类让我想到小学课本上描绘泥盆纪的插图。我们开始看到老幼不一的澳洲冠青冈，有些植株明显具有多枚茎，也就是多根树干，从同一个根系生出。尽管大部分树很可能从来就没有人研究过，我们还是把遇到的个体和研究论文比对，以判定它们的年龄。在我们攀登路线的最高点，最古老的那棵树终于现身了——它是这森林中最繁盛的一片区域中的一个 12,000 岁的树环。

在回海滨的途中，我发现我左肩附近锁骨下方有鲜血在往下滴。蚂蟥可以分泌一种抗凝血剂，让你的血液无法凝结，于是比起小小的伤口来，出血量实在大得不相匹配。虽然我根本看不见加害者在哪里，但普莱斯认出我身上的叮咬痕迹确实是蚂蟥造成的。我找到一包抽取式纸巾为自己止血，一边因为感觉不舒服忍不住扭来扭去，一边想到用蚂蟥进行的古代放血疗法。在古希腊，人们认为放血可以调理体液。尽管今天世界很多地方还在用蚂蟥放血法治疗形形色色的疾病，但有了现代医学的启迪，把血液和其他"身体物质"——黑胆汁、黄胆汁、黏液——相提并论对今天的我们来说却是完全愚蠢的做法。不过，我们今天言之凿凿的东西有多少在明天会被发现荒谬可笑？又有多少东西其实我们的古老祖先一开始就有正确认识？

藤和藓　#1112-0355

澳大利亚昆士兰州拉明顿国家公园

山路上的红腹伊澳蛇

澳大利亚昆士兰州拉明顿国家公园

澳洲冠青冈 #1211-2717（6,000 岁）

澳大利亚拉明顿国家公园

第二天，太阳滑到了低空的云幕之后，浓雾接踵而至，再完全变成雨落下来。我和普莱斯把车开到公园里邻近的另一个区域；在另一圈古老的树环周围，山路和标识牌都很显眼。明天我就要离开这里，取道"墨尔丙"（就是墨尔本）前往塔斯马尼亚了。所以一不做，二不休——在能见度很差的林中，我用冰冷的手支开三脚架，在普莱斯试图遮住我的相机不被雨打湿的时候拍下了这棵树的照片。

澳洲冠青冈

26

塔斯马尼亚扭瓣花

年龄

43,600 岁

地点

塔斯马尼亚州西南；霍巴特皇家塔斯马尼亚植物园

绰号

国王冬青，国王扭瓣花

中文名

塔斯马尼亚扭瓣花

拉丁名

Lomatia tasmanica

塔斯马尼亚扭瓣花 #1211-0398（43,600 岁：剪下繁殖的插条）

霍巴特皇家塔斯马尼亚植物园

塔斯马尼亚扭瓣花是个极危种，能够用这个名字称呼的植物只剩下唯一一株个体。

虽然难得一见，但它确实可以开出偏红色的粉红色花，每朵花也都有花粉和一个柱头。然而，它是种三倍体植物，这是一种罕见的遗传异常，导致了它的不育。塔斯马尼亚扭瓣花在1934年第一次采得，但这个特别的居群后来死绝了。另一个居群在1967年得到鉴定，人们在1991年用放射性碳定年法检测了在附近发现的与它完全相同的叶子的碎片，确定了它的年龄——至少是43,600岁，实际可能是这个数字的两倍不止。

塔斯马尼亚是全世界唯一不允许我直接接近我的野外考察对象的地方。我在这里的考察对象是塔斯马尼亚扭瓣花和泣松，前者生长在塔斯巴尼亚岛西南部一个地区，这个地区的名字就是直白的"西南区"；后者则长在岛屿西北部的里德山上。后来我才明白，塔斯马尼亚公园部有他们自己的想法，被采矿和伐木的考虑深深左右的想法，所以决定阻挠我的行动。悉尼的一个朋友让我把塔斯马尼亚当成澳大利亚的阿拉斯加，这倒是给我提供了另一个视角。确实，在这两个

地方，做事的规则都是不同的，有时候甚至没有规则可言。

在野外，塔斯马尼亚扭瓣花需要溪谷里阴暗临水的雨林生境，上方有茂密的植被遮荫。按照遗传学家贾斯敏·林奇（Jasmine Lynch）发表的研究，这个居群含有几百枚茎，分布在长1.2千米的范围里；如果把纤软的枝条直立起来的话，其高度可达8米。幸好，我至少可以在皇家塔斯马尼亚植物园里一睹从野外植株上剪下来繁衍的一些插条。（尽管严格来说它们是同一植株，但只能见到苗圃花盆里栽种的剪枝，和去塔斯马尼亚州的西南荒野进行一场为期两天的徒步旅行、到达它生存了43,600年的家园，彼此有天壤之别。要知道，西南荒野可是澳大利亚最不容易到达的地方之一。）

洛林·佩林斯（Lorraine Perrins）是珍稀濒危植物的负责人，她告诉我，霍巴斯植物园和堪培拉的另一个植物园是在塔斯马尼亚扭瓣花的自然生境之外仅有的可以见到它们的地方，即使这样，这两个地方也不会把它公开展出。事实上，这种植物的插条过于敏感，人们仅把其中一株在略有差别的环境中向公众展示了半天，结果它就死了。这对它的生存来说实在不是个好兆头。在野外，塔斯马尼亚扭瓣花又受到樟

塔斯马尼亚扭瓣花 #1211-0426（43,600 岁：增殖的无性繁殖体）

霍巴特皇家塔斯马尼亚植物园

塔斯马尼亚扭瓣花　#1211-0441（43,600 岁；研究温室）

霍巴特皇家塔斯马尼亚植物园

疫霉（学名 *Phytophthora cinnamomi*）的威胁，这是一种入侵的植物病原菌，如果事先不做好预防的话，它会在人的鞋子上找到，导致易感植物的根腐病。国家公园的植物学家正在努力把塔斯马尼亚扭瓣花的枝条嫁接到其他近缘的扭瓣花属植物上，然而成功的机会仍然有限。与此同时，它一直在用自己知道的唯一方法生活着，那就是一次又一次克隆自己，达到了理论上的不死。然而，考虑到我们这颗行星上的气候即将变得不稳定，这样的生活也不太可能持续多长时间了。

塔斯马尼亚扭瓣花

{ 27 }

泣松

年龄
10,500 岁

地点
塔斯马尼亚州里德山；霍巴特皇家塔斯马尼亚植物园

绰号
无

中文名
泣松

拉丁名
Lagarostrobos franklinii

活居群片断旁边已死的泣松　#1211-3609（10,500 岁）

塔斯马尼亚州里德山

泣松　#1211-4033（10,500 岁）

塔斯马尼亚州里德山

泣松 #1211-0445（10,500 岁，增殖的无性繁殖体）

霍巴特皇家塔斯马尼亚植物园

我从罗斯伯里开车到斯特拉恩，一路满腔怒火。在斯特拉恩的一家纪念品商店，我悻悻地买了一包两块钱的泣松木锯末。这是我在寻找的树木，它的芳香气味像是做壁橱用的雪松木。我花了六个月时间和塔斯马尼亚公园部这家令人火冒三丈的官僚机构苦苦交涉，以为我已经成功地"向前一点点"，可以在向导的带领下到泣松生长地做一番旅行了。但有很多事情看起来都过于顺利，到了不现实的地步，这次也是一样。

为什么我非需要雇个向导不可呢？还是在我直接来塔斯马尼亚之前很久，我就按惯例亲自咨询了从事相关研究的科学家，他们也慨然允诺会把我的名字加到研究许可证中，陪我把塔斯马尼亚扭瓣花和泣松这两个点都走遍。回想2006年，我第一次联系了公园部的一位研究者，表示希望拜访上面提到的那棵塔斯马尼亚扭瓣花，她一开始的担忧也只是徒步可能要花费很长时间，因为当地天气条件恶劣多变。后来我改变行程，打算在2011年底前往，谁料那位支持我的研究者已经离开了公园部，而我压根没有对她走之后会碰到的官僚主义泥潭做好准备。有六个月时间，我在层层叠叠的官僚机构（其中甚至还包括我所居住的美国纽约州的拉蒙特-

杜尔蒂树轮实验室）中艰难前行，收集了很多支持我的邮件，证明自己能够遵循所有的保护规范，希望能说服这些权力部门给我许可。不幸的是，公园部只有一个人负责发放许可证，能不能到这些地方考察全取决于她，而正是她拒绝了我的请求，甚至还向那些决定帮助我的人发去了解雇威胁。对这样的行径，我首先是大惑不解。这种事我只在塔斯马尼亚碰到过。最后，我只能以最高的旅游价格雇了个所谓的"向导"，和他前往一个私营采矿点去看那片古老的泣松林。

在这片泣松林所在的山坡下的湖床底部，人们采集了一些花粉，发现它们在遗传上和现生的树林相合。通过给这些花粉定年，这片泣松林的年龄也就得到了确定。（在这一群树干中还夹杂着其他的树种。）和"潘多"颤杨一样，这个泣松群体也是雄性；但"潘多"的每个个体的茎至多只能活几百年，与此不同，这群泣松的很多个体的茎都有500到1,000岁。事实上，通过树轮年代学的标准方法，人们发现，有些茎的寿数已经越过了2,000岁的门槛。这就让泣松与众不同，成了已知唯一一种在两个方面都符合我的年龄要求的生物——既有超过2,000岁的单一茎，它们同时又是10,000多岁的无性繁殖群体的一部分。迈克·彼得森（Mike

Peterson）在塔斯马尼亚荒野的两处僻远之地发现了另外两株古老的个体，即“哈蒙树”和“大泣松”。“哈蒙树”至少2,000岁；“大泣松”的年纪则至少有3,000岁，可能更大。

只有穿过采矿公司的警卫站，才能继续上山。我到这里时是12月，南半球的夏季，但在我们沿着多石的土路向上行进时，我却感到寒冷。最后我们到了一扇门前——没有围栏，只有一扇门——它仅有的几把钥匙之一就在我的向导手上。后来回到霍巴特时，一位植物学家告诉我，我们走过的木栈道实际上也被同一个泣松群体中的死树包围着，它们在几年前毁于一场山火。尽管我远远就能望见活着的泣松，树林向下一直延伸到约翰逊湖，我却被禁止接近其中任何一棵。我因此感到极为沮丧。

我一返回霍巴特，就重访了皇家植物园，那里的植物学家已经成功地把来自里德山群体的剪枝繁衍成活。严格来说，这也是同一株10,500岁的生物，尽管它已经脱离了原初的环境，就和塔斯马尼亚扭瓣花的情况一样。假如我被允许接近野生群体的话，我在分布点的摄影不会对它们造成任何伤害，因为我会正确遵守安全规范，不让自己引入病原菌。至于政治、官僚机构、采矿和林业，那就完全是另一回事了。

按照澳大利亚国家植物园的介绍，泣松精油可用于包扎伤口，治疗牙痛，还可用作杀虫剂。它耐腐蚀的木材可用来造船。而且，就像一些可能用濒危生物制作的来源可疑的制品一样，一些消费者也可能会寻找用濒危树种制作的家具，满足他们独享奢华的欲望。不过，那几片泣松林依然挺立。绝大多数的泣松，如今不是已经被伐倒，就是被保护了起来。

我们如何让人类需求与地球生命的长期繁荣相互平衡呢？当我站在斯特拉恩布满岩石的海滩、脚趾浸在冰冷的海水中时，我想到了麦夸里岛。它比塔斯马尼亚更遥远，是从澳洲前往南极洲途中会经过的地方，像南极洲一样没有永久居民。那是一个从我站立的海滩完全望不见的笃远世界。

28

桉树

西澳大利亚

年龄
13,000 岁

地点
澳大利亚新南威尔士州

绰号
（为保护而保密）

中文名
桉树

拉丁名
（为保护而保密）

西澳大利亚

年龄
6,000 岁

地点
澳大利亚西澳大利亚州

绰号
米拉普桉

中文名
米拉普桉

拉丁名
Eucalyptus phylacis

珍稀桉树（为保护而不便透露详细名称） #1211-2233（13,000 岁）

澳大利亚新南威尔士州

珍稀桉树　#1211-2105（13,000 岁）

澳大利亚新南威尔士州

珍稀桉树，离群索居的植株 #1211-1714（13,000 岁）

澳大利亚新南威尔士州

桉树有大约 700 个不同的种，这让它的多样性有了很大的展现空间。绝大多数桉树起源于澳大利亚，但现在在全世界的很多无霜的地区也可以见到它们（有时候它们是本地植物区系的良好补充，有时候却是完完全全的入侵植物）。在桉树里面，有一种彩虹桉的树皮五颜六色，就像在它身上上了一堂美术课。其他的桉树可以用来制成各种东西——迪吉里杜管（澳大利亚原住民的乐器），供制优质纸的木纤维，止咳药片里的精油（喝过"薄荷醇桉树油"的请举手），等等。当然，还有树袋熊（考拉），是最有名的以桉树叶为食的动物；因为桉树叶的营养价值有限，这导致树袋熊一天要睡 20 个小时。不过，树袋熊不太可能对我要找的桉树产生多大兴趣，因为我找的两种桉树都是"马利树"——这个地方名指的是从一个根系长出很多茎的桉树——而不是那种只有单一树干的桉树。因为这种特征，"马利树"看上去更像灌木。树袋熊更喜欢健壮的老树，但因为人类发展导致的生境破坏，这些树已经变得稀少，进而导致树袋熊在一些地区成为易危种。

我要拜访的第一种桉树则不止是"易危"，它干脆是个极危种。我花了不少工夫，才获准去参观新南威尔士州这棵

13,000 岁的灌木状桉树。我当时已经从几个地方了解到了它的存在，但它的精确位置却被守护得严严实实。这部分是因为这个种的极端珍稀性，部分是因为它长在一个私有的采矿点里。我寻求到了一位律师和一位在澳大利亚颇有政治地位的人士的大力支持，才被允许接近这棵树，但前提是，我既不能透露它的种名，又不能泄露除了所在州之外的任何位置信息。这种桉树如今已知仅存 5 株个体，其中一株很可能经由无性繁殖长成，这让现存个体数又下降为 4 株。1985 年，一位本地居民最先发现了这个种，他很可能意识到它小而独特的叶子非同寻常，就像米奇·普罗万斯发现加利福尼亚州里弗赛德的那棵帕默氏栎的情形一样。碰巧的是，它们都是 13,000 岁。

我开车前往这个地点那天，天空阴云密布。同车的是约翰·布里格斯（John Briggs），他是最早的研究者之一，也是致力于保护这个种的复育小组的一名成员。这棵桉树被很多低矮的防水布和浅橙色的塑料围栏封锁在里面，与正在开采的矿区隔开。它的主体部分可能不到 15 英尺高，由 75 枚以上的茎构成；比起地上的部分给人的暗示来，它的根系要大得多。就在离它 130 英尺略多的地方，长着另一丛和它相

世界上最老最老的生命

同的植株，尽管要矮得多。好几年来，布里格斯一直在等实验室做出的放射性碳定年和遗传检验结果，这可以证实这两株树确实是同一个生物体；然而，它们之间的距离和生长速率分析早就预示，这株个体至少已经以无性繁殖的方式生长了 13,000 年，而且可能还要久远。在这个 12 月的日子里，几朵早开的银莲花一般的白花正在绽放。研究表明，这种桉树结种子的情况不佳，即使在结出的种子里也有很多缺乏胚，因而不育。不仅如此，在种子成长为幼苗时，还会"缺乏生长活力，说明对这个分类群来说可能有一个合子后致死的机制在发挥作用"。（这是迈克尔·克里斯普 [Michael Crisp] 的说法，他在 1988 年最先描述了这个种。）换句话说，通过无性繁殖长成灌木状的策略成了这个种唯一可靠的生存方法。

我们在树林里待了一些时间，然后和工头走到附近的采矿区。有我们作伴，他看上去很开心。布里格斯开车送我回去的时候下起了雨，他把我送到堪培拉，我从那儿可以坐长途客车回悉尼。我们开车的时候谈到了更多事情，布里格斯讲到他遇见了各种繁杂的手续障碍，有的障碍让他迟迟得不到实验结果。我能从他的声音里听出沮丧之情。我们还谈到

了澳大利亚的其他一些环境危机，这是个长长的野化非本土动物的名单，其中包括猫、骆驼和海蟾蜍。猫的问题让我想起了罗布·普莱斯给我讲过的故事：斯蒂芬岛的灯塔看守员把一只猫带进岛，岛上一种叫斯蒂芬岛异鹩的不会飞的小型鸟类很可能就因为这只入侵者而走向灭绝，而这位看守员偏偏又是最先鉴定出这种鸟的人。

当天晚上，我回到罗布·托德和桑德拉·多姆罗（Sandra Domelow）夫妇的家里。在我这场带着许多任务、要走许多路程的远离家乡的行程中，这是一个令人惬意的家。第二天我就要飞往珀斯，在那里又会和罗布的兄弟戴夫（Dave）及他的家人住在一起。当你离家千万里的时候，有人邀请你住在他家，是件特别美妙的事情。

* * *

第二种桉树本来并不在我的计划表上。我第一次知道米拉普桉，是在珀斯的国王公园及植物园与生物学家金斯利·迪克森（Kingsley Dixon）交谈的时候。我问迪克森怎么去看叠层石，然后他又主动提供给我这棵树的信息。尽管我在旅

米拉普桉 #1211-0701（6,000 岁）

西澳大利亚州米拉普

米拉普桉与印度洋　#1211-0791（6,000 岁）

西澳大利亚州米拉普

行之前通常都会尽力做好调查研究，但这已经不是第一次在已经上路追寻一种古老生命时，才了解到和它完全不相干的另一种古老生命了。幸好，从珀斯出发去找这棵桉树可以当天往返，我可以把原本计划休整的一天挪作此用。何况，戴夫·托德又告诉我，最近在他家附近的海滩发生了几起鲨鱼袭击致人死亡的事件，我也就不那么想去游泳了。

这棵 6,660 岁的米拉普桉由两个东澳大利亚的植物学家在 1992 年首次发现。尽管比起它的新南威尔士州堂兄来，它要容易接近得多，但它的命运却要坎坷得多。它先是被一条路一分为二。随后，在这里建起了一个停车场，方便人们观赏印度洋的景色；虽然它刚好在这时被发现，却差点被完全摧毁。再后来，部分树体又被野火烧毁，好在它的灌木状生长习性——木质块根里有蓄势待发的芽，在经火之后便萌动而出——让它得以重生。事实上，一些桉树刚出生时只有单一的茎，在禁受了野火的极大威胁之后才转向灌木状的生长策略。

我到达珀斯之后，便直接开车去国王公园与植物园，在迪克森的办公室与他会晤，他带我去研究苗圃看了几株无性繁育出的幼树。米拉普桉的这些克隆个体在栽培条件下生长良好，正在开花，但还结不出多少种子。迪克森和我分享了他最新的研究：这里的降雨格局最近发生了转变，造成历史上原本多雨的冬季出现了更长的旱季（干旱程度也更深），与此相反，原本干旱的夏季却高度湿润。湿度的变化进一步加剧了"多种恶劣的新病原真菌"的肆虐，"并使树木更易受细菌溃疡病的危害，这可造成全株死亡"。换句话说，米拉普桉可以浴火重生，可以在兴建道路和停车场之后幸存，却可能活不过气候变化。

迪克森从一株健壮的幼树上剪下一段带叶的枝条递给我。第二天早晨，我向南前往米拉普，在顶着晴日开了几个小时的车之后，于中午到达这个海滨小镇。我看到了路边的相关标志，把车停在已经挪了位置的停车场，然后拿出迪克森给我的剪枝，比对叶子的形态，确定我找到了那棵母树。

29

叠层石

年龄
2,000~3,000 岁

地点
西澳大利亚州卡布拉牧场

绰号
无

中文名
叠层石

拉丁名
无（固着蓝菌）

叠层石　#1211-0512（2,000~3,000 岁）

西澳大利亚州卡布拉牧场

叠层石，微生物垫　#1211-0061（2,000~3,000 岁）

西澳大利亚州卡布拉牧场

水下叠层石 #1211-0950（2,000~3,000 岁）

西澳大利亚州卡布拉牧场

叠层石　#1211-0518（2,000~3,000 岁）

西澳大利亚州卡布拉牧场

在死去的叠层石上碾出的车辙　#1211-0235

西澳大利亚州沙克湾

我们很可能完全认不出 40 亿年前的地球。那时没有大陆，也几乎没有氧气。很难准确地说生命是什么时候最早出现的，也很难准确地说生命是什么——事实上，我们对于生命在地球这颗行星上的起源根本就知之甚少。我们有关其他行星表面的知识都要比有关地球上生命诞生的知识来得多。不过，有一件事是确凿无疑的，那就是在大约 35 亿年前，叠层石开始形成，也开始了氧化地球的宏大工作。自此以后过了 30 亿年，最古老的多细胞生物才出现。

叠层石这种东西打破了生物学里的很多规则，它们可以同时被看成生物和地质物体，因为它们由过固着生活的蓝菌（以及一些类似细菌的古菌）和无生命的沉积物共同组成。不同的研究者对叠层石的构造有不同的理论，一些人认为它的蘑菇状结构历经漫长时间之后逐渐建造而成，另一些人则主张先形成的是规模更大的微生物垫，经过侵蚀之后才形成一个个的蘑菇状结构。但不管是哪种构造方式，都要求叠层石中的菌类吸收阳光，进行光合作用，最终便产生氧气。在世界各地都可以发现叠层石化石，在伯利兹和巴哈马也都能找到活的居群。然而，最古老又最健壮的叠层石居群生活在哈姆林潭北面的一个高盐海湾中，这里是西澳大利亚州卡布

拉牧场的一处限制进入的地区。沙克湾叠层石则最有名，访客也最多，但只要看到它们已经变成黑色，你就马上能意识到它们大部分已经死亡。

在我从珀斯出发、开始这段五百多英里的车程之前，戴夫·托德让我对澳大利亚内陆地区心生恐惧。他往我租来的小车上堆满了超量的饮用水和大量防晒霜，还有不易变质的食物，万一我的车在路上发生状况便可以发挥用场。

这确实是一段漫长而炎热的征程。

尽管卡布拉牧场由一对相对比较年轻的夫妇经营，我是那里唯一的客人，而且是来考察，不是旅游，但我却不怎么受欢迎。与此相反，公园看守人罗斯·马克（Ross Mack）虽然刚见面的时候也不太愿意带我到叠层石的分布地点去，但最终却成了我此行中遇见的最和蔼、给予帮助最多的人之一。（在我们的外出结束之后，他决定把他的旧尼康诺斯水下相机给我。这台相机和我带去西班牙拍摄地中海海神草的水下相机是同一型号，然而性能良好。第二天早上，他从位于丹汉姆镇上的环境和生物保护部办公室出发，开了至少两

个小时的车沿着半岛一路返回到沙克湾的另一边，就为了把这台相机给我。）

马克用他专门的园区服务车拉上我。我们沿着土路前行，经过一群野山羊，又开出土路，到达海滨。在我左右两边，排成许多长线的叠层石沿着海岸线一直延伸到比我的想象还远得多的地方，另一些叠层石则伸入水中，渐渐隐没在海波之下。

气温升到了华氏112度。这不是个容易摄影的日子。我被允许使用呼吸管潜入水下的叠层石中，但不得使用水肺，那只能在更多政府部门的监督下进行。潭水盐度很高，我又没带能让我下沉的配重带，没法待在水面以下。为了减少浮力，我脱掉了潜水服，这起了一点作用，但还是很难在水下

停留足够的时间来拍出理想的照片。我游向马克指给我的一个视角最好的方向，果然，我看到了叠层石的岩石状形态，它们要比水上的叠层石大得多，有些上面还覆盖着其他的海底生物。有那么一瞬间，我通过时间的窗口回望见了一个没有大陆的地球，一个只有最原始生命形式的地球。这海滨的叠层石，虽然半在水下半在水上，被炽热的阳光炙烤着，却更加强了和地球上一些最古老生命的联系。当年，这些最古老的生命意欲进化，也一直在等待进化的良机。

从海滨往内陆走不远的路，就在那些形容粗犷的草木之中，便能找到一个由流星体造成的陨石坑。站在酷热之中的微生物垫上，我们很自然地就会想到，在微生物从不可思议的广袤宇宙中某处偷渡到了地球之后，很可能就是从这片海滨开始，这颗行星上的生命渐渐发展起来。

南极洲

30

藓类

象岛	南乔治亚岛
年龄	年龄
5,500 岁	2,200 岁
地点	地点
象岛	南乔治亚岛
绰号	绰号
无	无
中文名	中文名
针叶离齿藓	金发藓及离齿藓
拉丁名	拉丁名
Chorisodontium aciphyllum	*Polytrichum-Chorisodontium*

在靠近象岛的途中　#0212-0557

南极洲

我平生第一次在海上过夜，是在德雷克海峡，地球上波涛最汹涌的海域之一。我要去寻找 5,500 岁的针叶离齿藓，它在南极洲。

我曾经从一位朋友的旅行指南中获知这种古老的藓类，自那之后过了两三年，我才亲手翻开了公开发表的科研论著。最终，我发现了一篇 1987 年的论文，作者是斯万特·比约尔克（Svante Björck）和克里斯蒂安·约尔特（Christian Hjort），由此确定了这种藓类的年龄和地点。它生长在象岛上。象岛是南极半岛东边海中的一列岛弧，它的名字来自象海豹，而不是大象这种厚皮动物。带着成堆的问题，我直接跑去了瑞典隆德大学拜访比约尔克和约尔特。

世界上最老最老的生命

我会面的研究者不光在研究这些古老的生物，他们本身就是最早的发现者和鉴定者，这令人感到一种特别的兴奋。这也凸显了在我们的日常经验中特别容易被忽视的一个事实——我们要做的事还有很多，我们不知道的东西还有很多，触及发现之臂是件令人振奋的事情。就我们所知，自从这种古老的藓类被发现以来，25 年间没有一个人想要去看它一眼。我是第一个。

象岛给世人的最大印象，可能是一块环境极为险恶的陆地，当年被困的沙克尔顿船队曾在此暂息。1914 年，恩斯特·沙克尔顿（Ernest Shackleton）一行 28 人的船队开始了"南极探险英雄时代"的最后一次远航，想要第一次穿越南极大陆。这个目标未能实现，但他们那些传奇般的求生故事却广为流传，人们也因此把这次探险称为"坚韧考察"。船队的船只在威德尔海撞冰沉没，他们花了几个月时间在冰面上生存，之后又令人难以置信地抵达了象岛的坚实地面。一路不断消耗的补给不幸全部遗失，烟草是其中最惨重的损失。幸存的船队受到了沉重打击，他们竟然试图拿岛上的地衣来点烟，结果并不令人满意。谢天谢地，他们的营地和生长针叶离齿藓的海岸分别位于象岛两侧，否则他们肯定也会拿它来点烟。

南极洲面积广大，发现新东西的机遇也广大。然而，能够在耀眼的冰雪之中找到微小的暗色植株，还真是好运气。比约尔克和约尔特进行田野调查时还没有 GPS。他们是从直升机上直接吊下来的，所以除了离此最近的海湾的名字外并不知道如何到达新藓类的发现地点。我试着给美国航空航天局、英国南极调查局和谷歌地球都发去了求助信息，最终是谷歌地球做了回应，让我联系上了明尼苏达大学的极地地球空间中心。那里的研究人员用的遥感技术在当前使用的技术中居于最精密之列。

那时候，走空中比走地球表面更容易到达南极洲。然而，这没有让我放弃尝试。

*   *   *

远处的风暴几分钟后就刮到了我们的船上方。雪敲击着窗户，带白顶的钢灰色海浪拷打着船舷，让船体本来规律的前后摇动和左右摆动变成一种完全不可预料的振动。尽管我尽力试图控制自己的身体，但在海上的第一个早晨还是呕吐得直不起腰。这一天我只能在服用美克洛嗪之后的昏睡中度过。好在我的身体不适没有持续多久。就像很多夜航的船只一样，我们的船也到达了开阔的洋面，神奇的事情发生了——*我们已驶入南极水域。*

船长有先见之明，前一天就观察到了此行碰到的第一座冰山，阴暗而遥远。但到了第三天上午，在清澈的阳光之下，冰山的数目便成倍增加了。有些是庞然大物，显出饱和的蓝色，像是牛仔裤的后袋；另一些却像方冰的碎茬，融化在一杯被人遗忘的酒饮里。陆地又星星点点地重新出现，山峦起伏，覆以白雪，大家也开始认真观察起动物来——阿德利企鹅，白眉企鹅，鸬鹚，食蟹海豹，海燕，好斗的贼鸥，巨大的信天翁。一只豹形海豹抓住了一只阿德利企鹅当午饭，像猫一样反复拍打它，却不是为了嬉戏，而是想让它像核桃一样裂开，以便吃到里面柔嫩的部分。

库佛维尔岛是我们停泊的第一站，这里离南极大陆很近，但还不是南极大陆。这时候，我也在找其他什么东西。巨大的藓丛和橙色的地衣覆盖着离海滨不远的陡峭斜崖的侧面，靠着企鹅群的粪便提供的养分，藓类在冰雪难于存留的岩石露头处形成了草皮一般的居群。这是它们的地盘。

我们继续向南，再泊于尼科港。我下船登上一艘佐迪亚克橡皮艇，一对座头鲸突然把头和尾巴伸出了水面，和我打了个招呼。它们在好奇心消退之后便退回大海深处，我们也到达一处沙质海滩，踩在冰冷的浅水中，靴子沾上了污泥。

西南海岸上的藓类植株　#0312-08B35

南极洲象岛

针叶离齿藓 #0212-FA12（5,500 岁）

南极洲象岛

针叶离齿藓　#0212-FB33（5,500 岁）

南极洲象岛

我几乎完全为这里宏大的景色所吸引，冻结在充满了适应环境的独特生命的悠久时间之中。

我第一次踏上了这最后一块到达的大陆。

*　　　*　　　*

我们在夜晚来到了象岛。在警报响起之前我就已经起床，与船长一起站在船桥之上，查看 1987 年第一次研究考察拍摄的照片。就在我竭力想把这张沾有灰尘的蓝绿色照片上的形象和石质海岸的轮廓对应起来时，我发现照片上向下的斜坡朝向有误，原来它是从反面扫描而成的。不仅如此，那篇论文还误以为照片背景的陆地是克拉伦斯岛，而它实际上是科恩瓦利斯岛。这些可以理解的人类错误表明，要在南极这块广阔而处处相似的大陆上保持准确性是多么困难，特别是在 GPS 得到应用之前！事实上，这种挑战实在太大，以致20 世纪 80 年代早期发现的最古老的藓类居群之一后来竟然遗失在历史长河之中——它就只被发现了一次，此后便再没有被找到过。

我们停泊的第一站是瞭望角，位于象岛的最西端。我急切想要和船队一起上岸。我踏足象岛的机会只能以个位数计算，所以我不想错过这次机遇，虽然我一直怀着徒步八九英里从岛西穿越到岛东的野心。很多不同的因素合在一起，才能促成一次登陆。光有晴天是不够的；任何一天都是朝晖夕阴，气象万千，在一处岸边酝酿的风暴，要到另一处岸边才刮起。

我们在多石的海岸登陆之后，我离开大部队，攀爬一面冰冷的陡坡，看到了很多微小的藓类。从远处看，这里很不像是能有生物生存的地方，然而这里的绿色垫状植被却颇为繁茂。这时，同行之人在下面的海滩上已经移动了位置，我也只能赶紧找路，穿过成群的纹颊企鹅以及不那么友好的成年海狗和象海豹——其中有一只象海豹体形庞大，简直不像真的。它们冲我嚎叫发泄怨气，朝我呲出颜色暗淡、满是细菌的牙齿，那一刻我的心脏砰砰直跳。其中任何一只都可以用粗笨身体的重量把人碾压其下，就像几名愤怒的橄榄球员笨拙地扑向共用的睡袋一样。

就在这片险境的另一侧，一位博物学家向我挥手，做出一个大大的 OK 手势。

一旦安全回船，我就直接回到船桥上。多亏了极地地球空间中心的保罗·莫林（Paul Moyin）的帮助，我手头除了原始材料，还有其后的 25 年间研发出来的一些更先进的工具。我的笔记本电脑上就打开着一幅高分辨率的航海地图和一幅带标记的象岛卫星图像。我们靠近沃尔克角，它从一个抽象的名称变成了一个可感知的形象，突出于两道冰川之间。

船长举起双筒望远镜，略向右舷方向凝视，然后把一些东西指给我看。此刻天空澄静，我能看到那些离齿藓，是在冰冷嶙峋的山岭高处沐浴阳光的一抹暖绿。我看到它了。我就在这儿。

我跑下船桥冲向更衣室，这次考察的领队，博物学家、传奇探险家彼特·希拉里（Peter Hillary）正准备和我一起来一场迅速的登陆。我只有一段极短的合适时间用来上陆拍摄照片。我们爬上船上的一艘佐迪亚克橡皮艇，它用一种看上去很像秋千的装置悬挂在船边，此时被慢慢地降下，放入下面翻腾的海浪中。

我们疾速驶向岸边，小艇重重撞在每一股海浪上。我的一只没戴手套的手紧紧抓住一条粗绳，手指都被勒白了，后来又因为摩擦而流了血。我的另一只手紧紧抓着放在风雪衣口袋里面的相机。我们不时就会完全腾空，在空中悬停漫长的一秒，准备面对撞击。我回想起了 2008 年的格陵兰考察，在那里，丹麦考古学者马丁·阿佩尔特（Martin Appelt）教我在小艇冲过峡湾时放松肌肉。在和大海比力气的战斗中，没有人能获胜。

一旦登上陆地，曾经多次登上珠穆朗玛峰、曾徒步到达南极点、曾作为宇航员尼尔·阿姆斯特朗（Neil Armstrong）信赖的向导带他前往北极点的希拉里，便成了我的摄影助手，帮助我从防水袋中拿出相机。这防水袋是用来保护里面的设备免受溅起的含盐海水侵蚀的。我们在打滑的岩石上疾走，我一边搜寻适合拍摄离齿藓的有利位置，一边在周边的野生动物中引发着骚动。藓丛在一处悬崖的高处，在我们头上至少两三百米的地方，横向离我们也有一段距离。可是我们刚到那里，就到了回船的时间。

我按下快门，过卷。

世界上最老最老的生命

冰山 #0212-0398

南极洲南冰洋

*   *   *

差不多一百年前，有五个人乘坐着一条 22 英尺长的出色的划艇完成了一段跨越德雷克海峡的 870 海里的旅程。沙克尔顿和同行船员就这样到达了他们自己的避难所。

我自己也正在前往南乔治亚岛；走的是相同的路线，却是几乎迥异的旅程。象岛的最东点有一个小海湾，沙克尔顿和船员们当年就是在这里得以暂时躲过冰冷海水的威胁。当"国家地理探险者"号绕过这里时，我正从这艘安全而舒适的船舶的窗户向外望。因为早上的行动耗尽了我的体力，此刻我已经没有拿起相机的力气，只能在心里为这个地方拍一幅照片。

两天之后我们到达南乔治亚岛，这里名副其实是动物、植物和外露的地质形态的天堂，全世界的历史仿佛都用大字书写在这儿的景观里。同样，这里还镌刻了沙克尔顿历险记的最后结局——这一处海滩有他们最初登陆场景的缩略图；这一点是他们穿越全岛的起点，岛上只有这一侧可以通行；这里是最后一道阻碍他们以令人难以置信的坚韧精神回到文明世界遥远边缘的岭脊；这个遥远边缘，就是斯特罗姆内斯湾的捕鲸站。

船长把船开到了港湾的紧里边，我们几乎等于在海滩上着陆。尽管天有阴云和小雪，岛上环境还算宁静。我和海洋哺乳类研究专家斯蒂芬尼·马丁（Stephanie Martin）跳上佐迪亚克橡皮艇，飞快掠过了通往胡斯维克捕鲸站的港湾。我现在要找的藓类——你可以称之为我的"备用藓"——有 2,200 岁，生长在已经变成化石的 9,000 岁藓床顶端。有了它的发现者娜塔莉·凡德普滕（Nathalie Van der Putten）的研究和她绘制的地图作为依据，我快速打量了这一带的地形轮廓，决定直奔卡宁角而去。

海滩上，草丛里，到处都是海豹，于是马丁就成了替我提防海豹的保镖。同样，他还教我怎样让海豹只待在海湾里。第一条准则是制造巨大的声响。第二条是从橡皮艇上拿一支船桨带在身上。面对一头向你咆哮的海狗，也许你会忍不住敲打它的头，但这其实没有必要。只须敲打它的鳍脚，就已经有足够的威慑力了。（这并不是说我们在考察途中就没被咬过。）

赫库利里湾里蛇发女妖美杜莎似的海带类褐藻

南乔治亚岛

南极藓类和鲸骨　#0312-0014（2,200 岁）

南乔治亚岛，卡宁角

南极藓类 #0312-14A05（2,200 岁）

南乔治亚岛，卡宁角

废弃的捕鲸站　#0312-16B33

南乔治亚岛，格吕特维肯

30 万只王企鹅　#0312-13A1C

南乔治亚岛，金港

前往沙克尔顿墓的陆路　#0312-16A01

南乔治亚岛，往格吕特维肯途中

守卫着沙克尔顿墓的象海豹　#0312-40150

南乔治亚岛，格吕特维肯

我穿过一簇簇的草丛向上攀登，看到了古老的泥炭丘。终于找到它了。这一回，我近距离拍摄了一些照片，觉得自己不可思议地幸运，竟然把两处长有古老藓类的海岸都找到了，而不是只找到一处。这天下午的晚些时候，我在岛上徒步行走，从一处狭小的海湾出发，穿过雄伟的山丘景色，到达沙克尔顿的埋葬地点。这个地方古老而原始，它那宏大的景观再一次震撼了我的内心。这仿佛是我第一次认真打量这颗行星。

如果沙克尔顿的传奇经历是一部小说的话，肯定会有人批评它为主人公设定了太多不真实的障碍。这场悲惨远航结束之后，过了五年，沙克尔顿又返回南乔治亚岛。然而，仿佛他一直在借时间过活一样，就在登陆的那天晚上，他便死于严重的心脏病。他死的时候，并不知道自己曾和地球上最古老的生命之一共同生活在象岛之上，也不知道自己两次南乔治亚岛之旅结束的地方离得非常近。但是我总觉得，在这诉说着悠久时间的景观中，在这展现出自然界令人羞赧的力量和受它掌控的众生的脆弱性的景观中，他会看见这些低调的藓类，会对它们无声的坚忍抱以赞许之情。

我在沙克尔顿的墓地上酹下威士忌，有些为他，有些为我自己。

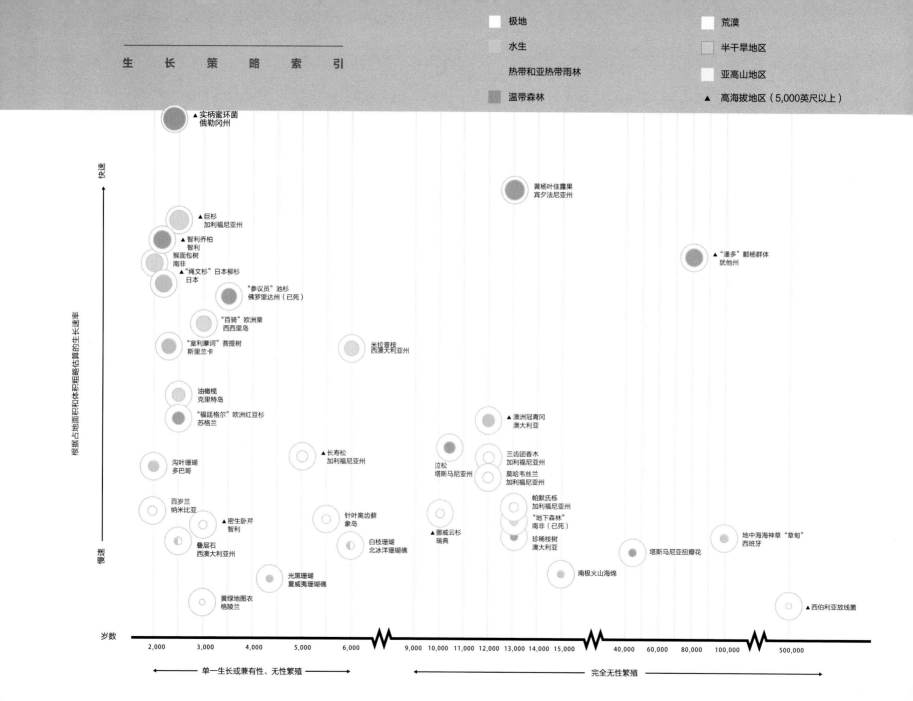

极地

水生

热带和亚热带雨林

温带森林

荒漠

半干旱地区

亚高山地区

▲ 高海拔地区（5,000英尺以上）

快速

根据占地面积和体积粗略估算的生长速率

慢速

▲ 实柄蜜环菌
俄勒冈州

黄杨叶佳露果
宾夕法尼亚州

▲ 巨杉
加利福尼亚州

智利乔柏
智利

猴面包树
南非

"绳文杉"日本柳杉
日本

"潘多"颤杨群体
犹他州

"参议员"池杉
佛罗里达州（已死）

"百骑"欧洲栗
西西里岛

"室利摩诃"菩提树
斯里兰卡

米拉普桉
西澳大利亚州

油橄榄
克里特岛

"福廷格尔"欧洲红豆杉
苏格兰

▲ 澳洲冠青冈
澳大利亚

沟叶珊瑚
多巴哥

▲ 长寿松
加利福尼亚州

泣松
塔斯马尼亚州

三齿团香木
加利福尼亚州

莫哈韦丝兰
加利福尼亚州

百岁兰
纳米比亚

▲ 密生卧芹
智利

针叶离齿藓
象岛

帕默氏栎
加利福尼亚州

"地下森林"
南非（已死）

地中海海神草"草甸"
西班牙

叠层石
西澳大利亚州

白枝珊瑚
北冰洋珊瑚礁

▲ 挪威云杉
瑞典

珍稀桉树
澳大利亚

塔斯马尼亚扭瓣花

光黑珊瑚
夏威夷珊瑚礁

南极火山海绵

黄绿地图衣
格陵兰

▲ 西伯利亚放线菌

岁数

2,000 3,000 4,000 5,000 6,000 9,000 10,000 11,000 12,000 13,000 14,000 15,000 40,000 60,000 80,000 100,000 500,000

← 单一生长或兼有性、无性繁殖 →

← 完全无性繁殖 →

未（来得及）走的路

我还没有访遍书中地图上的每一个点，也不认为上面已经涵盖了每一种跨越 2,000 岁这个门槛的物种，而这是因为我们还没有机会把它们逐一加以鉴定。这个计划的"阶段一"花了十年时间（这本书就是成果），"阶段二"则可能用尽我的一生。考虑到我的访问对象中几乎有一半是在过去的 30 年里才发现的，我们不妨想象一下，如果继续关注的话，在今后 30 年中又会发现多少种古老的生物。

那么，为什么在我已经知道的生物里面，也有一些没有拜访呢？

(1) 我知道得太晚了。

南极洲看来可以作为"阶段一"结束的逻辑界限，但不

巧的是，这就意味着我后来才知道的其他一些值得一访的对象没法入选，也就是说，要么会没时间，要么会没钱。我因此未能去看中国李家湾的四千多岁的"大银杏王"。还有亚美尼亚的"腾治利·奇纳尔"三球悬铃木，直到上周才有人让我注意到它。

(2) 安全问题。

我是一名有犹太血统的美国单身女性、无神论者，去伊朗看那棵 4,000 岁的"琐罗亚斯德之柏"的旅行让我觉得不安全。有两个考虑因素让我产生了这样的看法。第一，在我的计划中已经有其他的柏木了，拍摄这一棵的需求也就不那么紧迫。第二，考虑到当地局势不稳，我对当地文化、社会和政治等方面都知之甚少，不足以支撑这样一趟旅行。我真

心希望事情不是这样，而且我在做出这个决定的时候绝不想冒犯任何人，特别是鼓励我到访的伊朗朋友。我有必要再重申一遍：这些古老的生命是全球性的象征，超越了把我们分隔开的那些东西。（说到这，不妨看一下"芝麻"工程吧，这是中东国家的一个雄心勃勃的科学合作项目，是一个充满希望的优秀例子，说明科学可以在看上去无法沟通的文化隔阂之上架起沟通之桥。）

(3) 在抵达一个遥远的国度之后，我才知道某个考察对象，但是没有时间或经费把它加到我的行程之中。

我第一次遇到这种问题，是在比勒陀利亚和布拉姆·范·维克见面的时候，他告诉我南非还有一种无性繁殖的芦荟。后来在开普敦见到恩斯特·范·雅尔斯维尔德的时候，同样的事情又发生了两次：我知道了东开普省有一株古老的龟甲龙（英文名是"大象脚"，但它是一种植物，不是动物标本，也不是那种厚皮动物本身），而我刚刚去过的纳米比亚还有一株铅木使君子。然而，当天下午我就离开了非洲大陆。同样，在澳大利亚的时候，有人提醒我，我的名单上不知为何漏掉了新西兰的"森林之父"，一株新西兰贝壳杉；

但是这时候，我已经没有办法在已经很紧凑的行程中再加上这第十或十一站了。2013 年年初，我差一点就安排了一场仓促的旅行，既去见一位男性朋友，又去看这棵新西兰贝壳杉。谁料那位朋友临阵退缩了，我仔细看了信用卡上的余额，只好彻底取消出行。

(4) 我没有潜艇。

有时候，一个姑娘的确需要一艘潜艇，至少也得有一台 ROV（遥控潜水器）。在我想拜访的对象里有四个以极深极冷的海水为家，在跨过 2,000 岁寿限的五种动物中，除了沟叶珊瑚之外刚好就是这四种——三种古老的珊瑚，一种海绵，分别生活在北冰洋、夏威夷和南极洲。

这里面有 2,742 岁的金珊瑚（属名为 Gerardia）；还有生活在它附近的 4,265 岁的光黑珊瑚，是海葵的近亲。它们都是用潜水器在夏威夷群岛附近极深的海水中发现的，深度大约为 1,200 英尺。然而，在挪威陆架上的北冰洋海水中还生活着更老的珊瑚——6,000 岁的白枝珊瑚，深度大约为 330 英尺。

地球上最老的动物可能是栖息在南极洲麦克默多冰架下的 15,000 岁的火山海绵（学名 *Anoxycalyx joubini*）。我不知道它的具体深度，但确切地知道从来没有人和这些海绵中最古老的个体有过面对面的接触，因为它们是用 SCINI ROV 发现的——这是"可进行冰下航行和成像的遥控潜水器"的英文缩写。

从某种意义上说，在到过南极洲之后，除了太空之外便再没有可去的地方了。然而，这当然不是真的。你还可以潜入水下，或者重返南极，或者重返南极潜入水下。

巨杉

研究者

内特·斯蒂芬逊

长寿松

研究者

汤姆·哈兰、马修·萨尔策（Matthew Salzer）

补充信息

彼特·布朗

三齿团香木

研究者

拉里·拉普雷

向导（2006年）

阿尔特·巴苏尔托

同行访客（2012年）

帕默氏栎的研究人员

莫哈韦丝兰

研究者

拉里·拉普雷

向导（2006年）

阿尔特·巴苏尔托

同行访客（2012年）

帕默氏栎的研究人员

实柄蜜环菌

研究者

布伦南·弗根森（Brennan Fergenson）、克莱格·施米特、迈克·塔特姆、吉姆·劳里

塞斯纳公司飞行员

唐·戴维斯（Don Davis）

黄杨叶佳露果

研究者

斯蒂芬·沃克尔（Stephen Wacker）／塔斯卡罗拉州立森林

向导

吉姆·多伊尔

同行访客

雪莉·弗根森（Shirley Fergenson）

帕默氏栎

研究者兼向导

安迪·桑德斯、米切尔·普罗万斯

研究者

杰弗里·罗斯－伊巴拉

同行访客（影片摄制者）

玛丽·雷根（Marie Regan）

"潘多"颤杨

研究者

迈克尔·格兰特

"参议员"池杉   60页

向导（2012年）
吉姆·杜比
房东（2007及2012年）和同行访客
蕾切尔·西蒙斯（Rachel Simmons）

黄绿地图衣   66页

研究者
埃里克·汉森·斯坦恩（Eric Hansen Steen）
向导
马丁·贝伊·赫布斯加尔德
考古协作
克利斯蒂安·科赫·马德森（Christian
Koch Madsen）
荒野求生的临时教练
马丁·阿佩尔特

密生卧芹   82页

向导
埃利安娜·贝尔蒙特
司机
马利索尔·冈萨雷斯（Marisol González）
房东（圣地亚哥）
哈维尔·布尔斯蒂洛（Javier Brstilo）和布
鲁娜·特鲁法（Bruna Truffa）

智利乔柏   94页

向导

研究者
安东尼奥·拉拉
向导
霍纳坦·巴利奇维奇
房东（圣地亚哥）
哈维尔·布尔斯蒂洛和布鲁娜·特鲁法

沟叶珊瑚   102页

潜水教练
基思·达文特（Keith Darwent）
同行访客
罗伯特·埃尔姆斯

"福廷格尔"欧洲红豆杉   112页

"百骑"欧洲栗   118页

外国游客接待者
瓦伦蒂娜·卡尔塔比亚诺（Valentina
Caltabiano）
看门人
阿尔菲奥

地中海海神草   126页

研究者兼向导
努丽娅·马尔巴
同行访客
罗伯特·埃尔姆斯

油橄榄 134页

同行访客
罗伯特·埃尔姆斯

挪威云杉 142页

研究者
莱夫·库尔曼
同行访客
丽萨·萨斯曼

"绳文杉" 156页

向导
杰森·格雷斯顿和伊藤真树
房东（屋久岛）
冈诚（Makoto Oka）和冈照子（Teruko Oka）
房东（东京）
冈美美和牧原淳

"室利摩诃"菩提树 160页

研究者
苏兰詹·费尔南多，蒂罗·霍夫曼
司机
西瓦
给予我些许帮助的朋友
劳拉·班达拉和维吉塔·班达拉夫妇、蒂娜·罗特·埃森伯格、苏贾塔·米加马和伊安·麦克唐纳（Ian MacDonald）、阿南达（Ananda）·米加马和英德拉尼（Indrani）·米加马夫妇

西伯利亚放线菌 168页

研究者
萨拉·斯图尔特·约翰逊、马丁·贝伊·赫布斯加尔德

猴面包树 174页

研究者
休·F.格伦（Hugh F. Glen）
向导
黛安娜·梅恩
房东（约翰内斯堡）
黛安娜·梅恩和R.S.维克斯（Wicks）
同行访客
克里斯汀·麦克利维

"地下森林" 184页

研究者
布拉姆·范·维克
房东（约翰内斯堡）
黛安娜·梅恩和R.S.维克斯
同行访客
克里斯汀·麦克利维

百岁兰 188页

研究者
恩斯特·范·雅尔斯维尔德
向导
乔治
外国游客接待者
妮科尔·沃兰德
同行访客
蕾切尔·霍尔斯泰德、克里斯汀·麦克利维

澳洲冠青冈　　　　　　　　　200页

研究者兼向导
罗布·普莱斯
房东（黄金海岸）
约翰·卡宾斯（John Carbines）和乔伊·卡宾斯夫妇
房东（悉尼）
罗伯特·托德和桑德拉·多姆罗夫妇

塔斯马尼亚扭瓣花　　　　　　208页

研究者
杰恩·巴尔默（Jayne Balmer）
向导（皇家塔斯马尼亚植物园）
洛林·佩林斯
房东（霍巴特）
凯西·阿伦（Kathy Allen）一家

泣松　　　　　　　　　　　　214页

研究者
凯西·阿伦、乔弗·唐斯（Geoff Downes）、戴维·德鲁（David Drew）、迈克·彼得森
房东（霍巴特）
凯西·阿伦（Kathy Allen）一家

珍稀桉树（新南威尔士州）　　220页

研究者兼向导
约翰·布里格斯
房东（悉尼）
罗伯特·托德和桑德拉·多姆罗夫妇

米拉普桉（西澳大利亚州）　　225页

研究者
金斯利·迪克森
房东（珀斯）
戴维·托德（David Todd）和萝斯·托德（Ros Todd）夫妇

叠层石　　　　　　　　　　　230页

向导
罗斯·马克
给予我宝贵帮助的人
金斯利·迪克森、加文·普莱斯（Gavin Price）、戴维·托德
房东（珀斯）
戴维·托德和萝斯·托德夫妇

象岛的针叶离齿藓　　　　　　240页

研究者
斯万特·比约尔克、克利斯蒂安·约尔特
船只
林德布拉德探险公司／"国家地理探险者"号
访客
彼特·希拉里

南乔治亚岛的藓类　　　　　　250页

研究者
娜塔莉·凡德普滕
船只
林德布拉德探险公司／"国家地理探险者"号
访客兼防海豹保镖
斯蒂芬尼·马丁

术语表

世界上最老最老的生命

古菌　与细菌和真核生物不同、单独构成一个域的原始生物。人们认为它们有独特的演化史，和其他生命形式都不同。古菌是原核生物，也就是说，它们没有细胞核，也没有以膜为界限的细胞器。虽然不是所有古菌都生活在极端环境中，但大部分确实如此。

细菌　像古菌和真核生物一样，细菌也构成自己的域。它们是单细胞的原核生物，形状和习性都非常多样，在地球上几乎所有已知的环境中都能找到。

无性繁殖群体（克隆）　不是通过有性生殖，而是通过营养繁殖或细胞分裂形成的遗传上等同的植物、细菌或真菌群体。

树轮年代学　对树木年轮形态（树轮）所做的研究，可以确定单株树木的精确而可靠的年轮。

真核生物　真核生物构成真核域，是由其细胞结构定义的单细胞或多细胞生物。真核生物细胞中有细胞核，含有遗传信息；还有以膜为界限的细胞器，在细胞中执行类似器官的功能。植物界以及动物界、真菌界、黏菌界都是真核域的一部分。

嗜极生物　一些微生物能够在绝大多数其他生物通常无法存活的环境中生存甚至欣欣向荣，"嗜极生物"就是对它们的总括性称呼。尽管尚有争议，但它们那在具有极端温度、极端压力、极强酸性或极强碱性以及极高盐度之类的环境下繁茂生长的能力，说明它们可能和地球上最早出现的生命有关，而这些最早的生命有可能起源于宇宙其他地方。

木质块根　木质块根主要见于易受干旱或火灾影响的木质的灌木和乔木，是植株的茎之下含有芽和养分的结构，在一段胁迫性的时期或意外事件过后可以长出新茎。

地衣测量　研究地衣的生长速率和生长类型，确定一个表面（如岩石或考古遗迹的表面）暴露在外的时间长度的实践活动。由此得来的信息常与其他测年方法共同使用，有助于确定研究对象的年龄。对于较为晚近的时代，放射性碳测年会变得不够精确，这时地衣测量就格外有用。

菌物学　对真菌等菌物的研究。

原核生物　按照定义，原核生物的细胞结构中没有细胞核，细胞中的所有成分只被外层的细胞膜包围在内。它们通常是单细胞生物（但并非全部如此）。

放射性碳测年　也叫"碳测年"或"碳–14 测年"，是广泛用于测定有机质年代的科学方法。在做放射性碳测年时，要检查衰变性的碳 14 和稳定的碳 12 的比例。因为碳 14 具有 5,700 年的半衰期，这一技术可用于测定大约 6 万年以降的年代。但在测定年代较新的材料时，因为碳 14 的衰变时间太短，这一方法也就用处不大。

树轮年表　利用多株树的树轮计数，可以建立大时间尺度的高度精确的年表。例如 2002 年瑞典的一项研究就利用了瑞典北部 880 株尚活、枯死和半化石状态的松树（而不是单独一株高龄的松树）建立了一份 7,400 年的精确的树轮年表。

单一生物体　在遗传和形态上有明确界限的生物个体。

营养繁殖（自我繁殖）　无性增殖出新个体的繁殖活动，可以通过根状茎、根出条或块茎等方式进行，但不是通过种子或孢子等有性生殖方式进行。经过一段时间，自我繁殖的植物可以构成一个无性繁殖群体。

年表索引

世界上最老最老的生命

生物群系索引

"地下森林"，南非（已死）：13,000 岁 ,184

猴面包树，南非：2,000 岁 ,174

温带森林

"福廷格尔"欧洲红豆杉，苏格兰: 2,000~3,000 岁 ,112

"参议员"池杉，佛罗里达州（已死）：3,500 岁 ,60

黄杨叶佳露果，宾夕法尼亚州：8,000~13,000 岁 ,38

"潘多"颤杨群体，犹他州：80,000 岁 ,52

泣松，塔斯马尼亚州：10,500 岁 ,214

珍稀桉树，澳大利亚：13,000 岁 ,220

塔斯马尼亚扭瓣花，塔斯马尼亚州：43,600 岁 ,208

实柄蜜环菌，俄勒冈州：2,400 岁 ,30

智利乔柏，智利：2,200 岁 ,94

亚高山

长寿松，加利福尼亚州：5,000 岁 ,10

挪威云杉，瑞典：9,950 岁 ,142

译后记

这几年来，我一边写原创的植物科普作品，一边应出版社之邀翻译国外的普及性博物学读物，从中学到了不少值得中国科普界借鉴的经验。

比如这本《世界上最老最老的生命》，我就越看越赞叹不已。作者是一位艺术家，有很多出现在艺术家身上一点也不奇怪的习性（比如素食主义，比如穷游十年写作这本书）。但是，她却驾轻就熟地把艺术和科学结合起来，既开拓了艺术的表现领域，又让科学展现了饱含沧桑和哲理的动人一面。

正如本书序言二的作者卡尔·齐默所说，我们很容易为生命只有一周左右的腹毛虫感到难过。也许更让人难过的是宠物的逝去。根据吉尼斯世界纪录，最长寿的狗只活了 29 岁，最长寿的猫年龄更大一些，也只活了 38 岁。凡是养猫养狗的人，几乎都要面临与爱猫爱犬的生死诀别。然而，与此同时，比我们更长寿的动植物和微生物如果有思想的话，恐怕也会为我们难过。已知寿命最长的哺乳动物是弓头鲸，可以活到两百多岁。在爬行动物中，鳄类和龟类都有可以活到两百多岁的种（当然了，俗话所说的"千年王八万年鳖"并不存在）。本书中收录的沟叶珊瑚，作为一个有确定形状的无性繁殖群体，活到了两千多岁，而作者尚未拜访的南极洲冰架下的火山海绵群体竟可活到 15,000 岁——它们都在最长寿的动物之列。

在植物中，最长寿的单一个体是美国西部的长寿松，有 5,000 岁高龄。最长寿的无性繁殖植物群体也是美国植物，是一丛名为"潘多"的颤杨，已经活了 80,000 岁。然而，西伯利亚永冻土层中的放线菌已经默默生存了 30 万到 50 万年，又比颤杨高了一个数量级。但这也不是最终的纪录。2013 年，有科学家在深邃的大洋底岩石中发现了包括细菌和真菌在内的一些岩内生物（endoliths），它们平均每一万年才繁殖一次，似乎意味着单个个体的寿命就可高达一万岁；它们所在的沉积层已经形成了一亿年，似乎也暗示其中的无性繁殖群体已经活了一亿岁。如果这些发现属实，那这实在是惊人的高寿，因为地球本身的寿命也不过才 45 亿岁而已！

巨大的寿命差异，展现了地球生命异常丰富的多样性。这除了能让我们产生保护环境、保护生物多样性的意识，也提醒我们，众生各有适应环境、"顺其自然"的生存方式，彼此的经验不能生搬硬套。比如，很多长寿生物生存在极端恶劣的环境下，因此生命活动非常缓慢，从而造就了它们的悠久生命。这并不能启发我们，好像过无电无网络的苦行僧生活或者从不运动就可以长寿。人类要想长寿，需要其他一些经过现代医学从统计意义上反复确证过的"顺其自然"的方法，比如不吸烟，尽量不饮酒，饮食均衡而多样化，节制能量摄入，适度运动，不要久坐久卧，等等。不过，对于中国这个"吃货大国"的人民来说，很多人会觉得，如果长寿要以牺牲美食为代价，那么长寿本身似乎并不那么吸引人。这个两难问题，我也留给读者去思考、去抉择。

我佩服本书作者的第二点是，她不仅能够理解具体的科学知识，在书中使用国际分类学界确定的最新分类系统（比如把日本柳杉和巨杉归入柏科，按 APG 系统排列被子植物的科；相比之下，中国的植物学"泰斗"却仍然在教科书中振振有词地拒绝接受新系统），而且洞见了科学精神的本质，发现了科学和艺术的共通之处——试图回答一些问题，却提出了更多的问题。虽然这只是一本摄影随笔集，却折射出中美两国科学文化在前沿性和濡化力上的巨大差异。

在具体的创作思路上，这本书也可以给我们很多启发。现在中国国内也有很多植物摄影师，也许其中有不少人也有出书的想法。那么，他们可以向本书作者学习，先找一个新颖的点子，然后用这条线索规划自己的拍摄计划，把多年来搜集的素材组织成一个故事。事实上，不仅是摄影随笔集，很多以文字为主的优秀科普著作也是像这样围绕一个创新的点子写成的。更不用说，作者把许多个人经历（甚至她的情感经历）融入了她对创作历程的叙述中，让人读来颇觉亲切，甚至感同身受。

本书中提到的绝大多数生物在中国没有分布，其中有不少没有统一规范的中文名称，甚至没有中文名称。我和中科院植物所助理研究员刘冰长期从事世界植物中文名称研究工作，对书中植物的规范中文名做了整理和拟定。如 creosote bush 译为"三齿团香木"，因为它属于蒺藜科的团香木属（学名 *Larrea*，本属植株有香味，果实球形被绒毛，似棉团），"三齿"则是其学名种加词 *tridentata* 的直译，指花瓣顶端有不明显的三个齿；llareta 译为"密生卧芹"，因为它属于伞形科的卧芹属（学名 *Azorella*，我们用"卧"字给原产美洲的一些高山植物属命名，描摹它们的低矮垫状生长的习性），"密生"也是学名种加词 *compacta* 的直译；Antarctic beech 译为"澳洲冠青冈"，因为根据最新分类学研究，它原来所属的南青冈属 *Nothofagus* 已经一分为四，它归入了新承认的冠青冈属（学名 *Lophozonia*，其中的 *lopho-* 意为"鸡冠"，指壳斗上有许多冠状突起），且特产于澳大利亚大陆。我在书中还拟定了沟叶珊瑚、光黑珊瑚等动物中文名，则属越俎代庖，仅供读者参考。

需要向读者致歉的是，植物中文名拟定并不是一件轻松的事情，即使我们再谨慎，有时候还是会拟出不够妥当的名字，需要更换为更好的名字。本书中的"地中海海神草"，就不如刘冰后来拟定的"欧海神草"更简洁上口；同样，把 Palmer's oak 直译为"帕默氏栎"违背了植物中文名回避纯音译名的原则，后来我重新拟为"硬金栎"，指其枝叶坚硬，壳斗和叶背上都有金黄色密毛。但因为这两个名字的修改会导致烦琐的重新排版工作，本书在重印时仍然维持旧译名不变。

为了不影响本书的装帧设计，正文一律不加脚注。因此，书中以英美制单位表示的量都未注出相应的公制单位量，仅在正文前提供了一个换算表（见《地点图》的第二页），供读者自行换算。书中包括地名在内的许多专有名词也一律不加注，有需要的读者可以自行上网搜索相关信息。书前有两段引文，译文的出处分别是：卡尔·萨根著，叶式辉、黄一勤译《暗淡蓝点：展望人类的太空家园》（上海：上海科技教育出版社，2000 年）；苏珊·桑塔格著，艾红华、毛建

雄译《论摄影》（长沙：湖南美术出版社，1999 年）。特
此说明。

　　由于时间仓促，译文肯定还有很多不妥之处，敬希指正。
译者邮箱：su.liu1982@foxmail.com。

刘夙　谨识

2016 年 12 月 1 日于上海辰山植物园